全国监理工程师职业资格考 ~ ~ 点掌中宝

建设工程目标控制
（土木建筑工程）
核心考点掌中宝

全国监理工程师职业资格考试核心考点掌中宝编写委员会　编写

中国建筑工业出版社

图书在版编目（CIP）数据

建设工程目标控制（土木建筑工程）核心考点掌中
宝/全国监理工程师职业资格考试核心考点掌中宝编写
委员会编写. —北京：中国建筑工业出版社，2022.11
全国监理工程师职业资格考试核心考点掌中宝
ISBN 978-7-112-27627-1

Ⅰ.①建… Ⅱ.①全… Ⅲ.①土木工程-目标管理-
资格考试-自学参考资料 Ⅳ.①TU723

中国版本图书馆 CIP 数据核字（2022）第 128822 号

全国监理工程师职业资格考试核心考点掌中宝
建设工程目标控制（土木建筑工程）核心考点掌中宝

全国监理工程师职业资格考试核心考点掌中宝编写委员会 编写
*
中国建筑工业出版社出版、发行（北京海淀三里河路 9 号）
各地新华书店、建筑书店经销
霸州市顺浩图文科技发展有限公司制版
北京建筑工业印刷厂印刷
*
开本：850 毫米×1168 毫米 1/32 印张：9¼ 字数：264 千字
2022 年 12 月第一版 2022 年 12 月第一次印刷
定价：**38.00** 元（含增值服务）
ISBN 978-7-112-27627-1
（39837）

本书按照考试大纲要求编写，共分为三部分：第一部分为方法技巧篇，为考生说明如何备考监理工程师考试和答题技巧与方法；第二部分为考题采分篇，总结近几年考题的采分点，帮助考生掌握考试的重点；第三部分为核心考点篇，对历年来考试命题涉及的一些知识点进行科学的归纳，通过突出主干知识，形成网络的知识链，帮助考生建立完备的知识体系，使考生真正找到试题之源。

本书采用小开本印刷，方便随身携带，可充分利用碎片时间高效率的复习备考。

责任编辑：张　磊　王砾瑶　范业庶
责任校对：李美娜

前　言

　　《全国监理工程师职业资格考试核心考点掌中宝》系列丛书由多位名师以考试大纲和考试指定用书为基础编写而成，目的是帮助考生在零散、有限的时间内能掌握考试的关键知识点，加深记忆，提高考试能力。本套丛书包括四分册，分别为《建设工程监理基本理论和相关法规核心考点掌中宝》《建设工程合同管理核心考点掌中宝》《建设工程目标控制（土木建筑工程）核心考点掌中宝》《建设工程监理案例分析（土木建筑工程）核心考点掌中宝》。

　　具体来讲，本系列丛书具有如下特点：

　　三部分讲解　每册图书均包括三部分，为方法技巧篇、考题采分篇和核心考点篇。方法技巧篇主要阐述如何备考监理工程师考试和答题技巧与方法；考题采分篇以表的方式体现近十年考题的采分点，这部分内容可以帮助考生掌握考试的重点；核心考点篇是对历年来考试命题涉及的一些知识点进行科学的归纳，通过突出主干知识，形成网络的知识链，帮助考生建立完备的知识体系，使考生真正找到试题之源。

　　考点归纳　本套丛书主要以历年真题知识点出现的频率及重要的考点程度进行了分级。由低到高分为★、★★、★★★三个级别，其中星级越高，代表出现相关考题的可能性越大。本套丛书还将教材中涉及原则、方法、依据、特点等易混淆的知识进行分类整理，指导考生梳理和归纳已学知识，有效形成基础知识的提高和升华。

　　图表结合　本套丛书主要以图表的方式来总结核心考点，详细归纳需要考生掌握的内容。

　　贴心提示　本套丛书将不是很好理解的内容做详细的分析，会告诉考生学习方法、记忆方法和解题技巧，也会提示考生要重点关注的知识点。

重点标记 本套丛书在易混淆、重点内容加注下划线，提示考生要特别注意，省却了考生勾画重点的精力。

携带方便 本套丛书采用小开本印刷，便于携带学习，可充分利用碎片时间高效率地完成备考工作。

巩固强化 本套丛书适合考生在平时的复习中对重要考点进行巩固记忆，又适合有一定基础的考生在串讲阶段和考前冲刺阶段强化记忆。

由于时间仓促，书中难免会存在不妥和不足之处，敬请读者批评指正。

增值服务

1. 免费答疑服务：专门为考生配备了专业答疑老师解答疑难问题，答疑 QQ 群：826131460（加群密码：助考服务）。

2. 考前全真模拟试卷：考前 10 天为考生提供免费临考全真模拟试卷一套。

3. 高频考点 5 页纸：考前两周为考生免费提供浓缩的高频考点。

4. 习题解答思路和方法：为考生提供备考指导、知识重点、难点解答技巧。

5. 重点题目解题技巧指导：对计算题、网络图、典型的案例分析题等的难度稍大一些题目，为考生提供解题方法、技巧，也会提供公式的轻松记忆方法。

6. 知识导图：免费为考生提供所有科目的知识导图，帮助考生理清所需学习的知识。

7. 配备助学导师：为每一科目配备专门的助学导师，在考生整个学习过程中提供全方位的助学帮助。

目　　录

2022 年度考试真题涉及 2022 版三套监理辅导用书内容的统计

题号	涉及科目	考点	与《复习题集》吻合的内容	与《核心考点掌中宝》吻合的内容	与《历年真题＋考点解读＋专家指导》吻合的内容
1	建设工程质量控制	建设工程质量特性	第一章第一节第 9 题	第一章第一节考点 1	第一章第一节"一、【考生必掌握】"
2		工程质量监督	第一章第三节第 16 题、22 题	第一章第三节考点 2	第一章第三节"二、采分点 1【考生必掌握】"
3		建筑工程施工许可	第一章第三节第 25 题	第一章第三节考点 2	第一章第三节"二、采分点 2【考生必掌握】"
4		工程质量检测单位的质量责任和义务	第一章第四节第 13 题		
5		关系管理的基本内容	第二章第一节第 5 题	第二章第一节考点 1	第二章第一节"【考生必掌握】"
6		质量管理体系的范围界定	—	第二章第二节考点 1	
7		《卓越绩效评价准则》与 ISO 9000 的不同点	第二章第三节第 9 题	第二章第三节考点 3	第二章第三节"二、【考生必掌握】""【还会这样考】"
8		抽样检验方法	第三章第一节第 3 题、4 题	第三章第一节考点 3	第三章第一节"二、【考生必掌握】"
9		质量数据分布的规律性	第三章第一节第 15 题	第三章第一节考点 2	第三章第一节"二、【考生必掌握】"

题号	涉及科目	考点	与《复习题集》吻合的内容	与《核心考点掌中宝》吻合的内容	与《历年真题＋考点解读＋专家指导》吻合的内容
10	建设工程质量控制	直方图的概念	第三章第一节第40题	第三章第一节考点5	第三章第一节"五、采分点2【考生必掌握】"
11		普通混凝土力学性能试验-换算系数的确定	—	第三章第二节考点2	第三章第二节"一、采分点2【考生必掌握】"
12		桩基承载力试验方法	第三章第二节第15题	—	第三章第二节"二、【考生必掌握】""【还会这样考】第1题"
13		砂浆力学强度检验试验方法与要求	第三章第二节第13题	—	—
14		工程勘察企业的质量工作	第四章第一节第5题	第四章第一节考点1	第四章第一节"【考生必掌握】"
15		初步设计的深度要求	—	—	第四章第二节"【考生必掌握】"
16		施工图设计的协调管理	第四章第三节第2题	第四章第三节考点	第四章第三节"【考生必掌握】"
17		检验批质量验收	第六章第一节第22题	第六章第一节考点5	第六章第一节"四、采分点1【考生必掌握】""【历年这样考】第3题"
18		隐蔽工程质量验收	—	—	第六章第一节"四、采分点1【考生必掌握】"
19		设计交底	—	第五章第二节考点1	第五章第二节"一、【考生必掌握】"

题号	涉及科目	考点	与《复习题集》吻合的内容	与《核心考点掌中宝》吻合的内容	与《历年真题＋考点解读＋专家指导》吻合的内容
20	建设工程质量控制	施工方案审查重点	第五章第二节第11题	第五章第二节考点3	第五章第二节"三、【考生必掌握】"
21		见证取样的规定	第五章第三节第8题、9题	第五章第三节考点2	第五章第三节"二、【考生必掌握】""【还会这样考】第1题"
22		焊缝检测规定	第三章第二节第27题	—	第三章第二节"三、采分点2【考生必掌握】""【历年这样考】"
23		专项施工方案的论证审查	第五章第五节第3题、7题	第五章第五节考点2	第五章第五节"一、【考生必掌握】"
24		工程竣工预验收的组织实施	第六章第一节第38题	第六章第一节考点6	第六章第一节"四、采分点1【考生必掌握】"
25		轨道交通建设项目的工程验收	第六章第二节第1题	第六章第二节考点2	第六章第二节"一、【考生必掌握】"
26		质量保证金的预留比例	第六章第三节第6题	第七章第七节考点3（注：投资控制）	第七章第七节"三、【考生必掌握】""【还会这样考】"（注：投资控制）
27		分项工程验收	第六章第一节第30题	第六章第一节考点6	第六章第一节"四、采分点1【考生必掌握】""【历年这样考】第2题"
28		必须设立样板的项目		第五章第三节考点1	第五章第三节"一、【考生必掌握】"

题号	涉及科目	考点	与《复习题集》吻合的内容	与《核心考点掌中宝》吻合的内容	与《历年真题＋考点解读＋专家指导》吻合的内容
29		质量事故等级	第七章第二节第1题	第七章第二节考点1	第七章第二节"一、【考生必掌握】""【历年这样考】第2题"
30	建设工程质量控制	施工单位的质量事故调查报告	第七章第二节第7题、11题	第七章第二节考点3	第七章第二节"一、【考生必掌握】"
31		工程复工令的签发	—	第七章第二节考点1	第七章第二节"一、【考生必掌握】"
32		设备制造过程的质量控制	第八章第二节第7题、8题	第八章第二节考点2	第八章第二节"二、【考生必掌握】""【还会这样考】"
33		静态投资的计算	第一章第一节第7题	第一章第一节考点1	第一章第一节"【考生必掌握】""【历年这样考】第3题"
34	建设工程投资控制	建设工程投资控制措施	第一章第二节第11题	第一章第二节考点2	第一章第二节"二、【考生必掌握】""【历年这样考】第2题"
35		人工费的组成	第二章第二节第4题	第二章第二节考点1	第二章第二节"一、【考生必掌握】""【历年这样考】第2题"
36		企业管理费的组成	第二章第二节第14题	第二章第二节考点1	第二章第二节"一、【考生必掌握】""【历年这样考】第3题"

题号	涉及科目	考点	与《复习题集》吻合的内容	与《核心考点掌中宝》吻合的内容	与《历年真题＋考点解读＋专家指导》吻合的内容
37	建设工程投资控制	增值税销项税额的计算	第二章第二节第44题	第二章第二节考点3	第二章第二节"三、采分点1【考生必掌握】"
38		进口设备关税的计算	第二章第三节第11题、16题	第二章第三节考点3	第二章第三节"三、【考生必掌握】""【历年这样考】第3题"
39		项目资本金的比例	第三章第一节第6~8题	—	第三章第一节"一、【考生必掌握】"
40		社会资本采购方式	—	第三章第二节考点7	第三章第二节"二、采分点4【考生必掌握】"
41		市场预测分析的内容	第四章第一节第4题	—	—
42		资金时间价值的计算	第四章第二节第16题、17题	第四章第二节考点4	第四章第二节"二、采分点4【考生必掌握】"
43		流动资金的估算	第四章第三节第14~16题	第四章第三节考点2	第四章第三节"【还会这样考】第2题"
44		财务分析指标的计算	第四章第四节第24~26题	第四章第四节考点2	第四章第四节"二、采分点4【考生必掌握】""【历年这样考】第1题、3题""二、采分点5【考生必掌握】""【历年这样考】第1题"

题号	涉及科目	考点	与《复习题集》吻合的内容	与《核心考点掌中宝》吻合的内容	与《历年真题＋考点解读＋专家指导》吻合的内容
45	建设工程投资控制	绿色设计评审的主要内容	第五章第一节第1题、2题	第五章第一节考点1	第五章第一节"一、【考生必掌握】"
46		价值工程的应用	第五章第二节第17题、19题	第五章第二节考点4	第五章第二节"三、【考生必掌握】""【历年这样考】第3题"
47		设计概算调整的规定	第五章第三节第20题	—	—
48		施工图预算的审查内容	第五章第四节第18题	第五章第四节考点4	第五章第四节"三、【考生必掌握】"
49		投标报价的审核内容	—	第六章第二节考点2	第六章第二节"二、【考生必掌握】"
50		投标报价的审核内容	第六章第二节第3题	第六章第二节考点2	第六章第二节"二、【考生必掌握】""【历年这样考】第3题"
51		成本加奖罚计价合同方式	—	第六章第三节考点3	第六章第三节"一、采分点3【考生必掌握】"
52		采用价格信息进行价格调整的规定	第七章第三节第25题	第七章第三节考点4	第七章第三节"三、采分点2【考生必掌握】""【历年这样考】第1题"
53		工程计量的方法	第七章第二节第11题	第七章第二节考点3	第七章第二节"三、【考生必掌握】""【历年这样考】"

题号	涉及科目	考点	与《复习题集》吻合的内容	与《核心考点掌中宝》吻合的内容	与《历年真题＋考点解读＋专家指导》吻合的内容
54	建设工程投资控制	采用价格指数进行价格调整	第七章第三节第18题	第七章第三节考点4	第七章第三节"三、采分点1【考生必掌握】""【历年这样考】第1题"
55		地质条件变化引起的索赔	第七章第五节第1题	第七章第五节考点1	第七章第五节"一、【考生必掌握】"
56		进度绩效指数的计算	第七章第八节第12题	第七章第八节考点1	第七章第八节"一、【考生必掌握】2.""【还会这样考】第2题"
57	建设工程进度控制	进度控制的措施	第一章第一节第8题	第一章第一节考点2	第一章第一节"二、采分点1【考生必掌握】""【还会这样考】第1题"
58		设计准备阶段进度控制的任务	第一章第一节第16题、17题	第一章第一节考点3	第一章第一节"二、采分点2【考生必掌握】""【历年这样考】第1题"
59		工程进度计划体系	第一章第二节第7题、9题	第一章第二节考点1	第一章第二节"一、采分点2【考生必掌握】""【还会这样考】第1题"
60		流水施工参数的概念	第二章第一节第16题、18题	第二章第一节考点2	第二章第一节"二、【考生必掌握】""【历年这样考】第5题"
61		流水施工参数	第二章第一节第24题	第二章第一节考点2	第二章第一节"二、【考生必掌握】""【还会这样考】第2题"

题号	涉及科目	考点	与《复习题集》吻合的内容	与《核心考点掌中宝》吻合的内容	与《历年真题＋考点解读＋专家指导》吻合的内容
62	建设工程进度控制	流水施工工期的计算	第二章第二节第7题、8题	第二章第二节考点2	第二章第二节"二、采分点1【考生必掌握】""【历年这样考】第1题、2题"
63		加快的成倍节拍流水施工的特点	第二章第二节第11题	第二章第二节考点1	第二章第二节"一、【考生必掌握】""【历年这样考】第2题"
64		工艺关系与组织关系	第三章第一节第6题	第三章第一节考点1	第三章第一节"【考生必掌握】"
65		双代号网络计划时间参数的计算	第三章第三节第16题、20题	第三章第三节考点2	第三章第三节"二、采分点1【考生必掌握】""【历年这样考】第1题"
66		双代号网络计划时间参数的计算	第三章第三节第30题、31题	第三章第三节考点2	第三章第三节"二、采分点1【考生必掌握】""【历年这样考】第2题、3题"
67		单代号网络计划中关键线路的确定	第三章第三节第59题	第三章第四节考点2	第三章第三节"四、【考生必掌握】""【历年这样考】第5题""【还会这样考】第5题"
68		双代号时标网络计划时间参数的计算	第三章第四节第7题、9题、12～14题	第三章第四节考点1	第三章第四节"【考生必掌握】""【历年这样考】第1～3题"

题号	涉及科目	考点	与《复习题集》吻合的内容	与《核心考点掌中宝》吻合的内容	与《历年真题＋考点解读＋专家指导》吻合的内容
69		网络计划的优化	第三章第五节第22题	第三章第五节考点	第三章第五节"二、【考生必掌握】"
70		单代号搭接网络计划关键线路的确定	第三章第六节第12题、13题	第三章第四节考点2	第三章第三节"四、【考生必掌握】"
71		进度调整的系统过程	第四章第一节第11题、14题	第四章第一节考点1	第四章第一节"【考生必掌握】""【历年这样考】第1题"
72	建设工程进度控制	横道图比较法的应用	第四章第二节第6～15题	第四章第二节考点1	第四章第二节"一、【考生必掌握】""【历年这样考】第1～5题"
73		分析进度偏差对后续工作及总工期的影响	第四章第三节第4题、9题	第四章第三节考点1	第四章第三节"一、【考生必掌握】""【历年这样考】第1题""【还会这样考】第3题"
74		进度计划的调整方法	第四章第三节第14题	第四章第三节考点2	第四章第三节"一、【考生必掌握】"
75		设计阶段监理单位的进度监控	第五章第三节第6～8题	第五章第三节考点2	第五章第三节"二、【考生必掌握】"
76		施工进度控制工作细则的内容	第六章第二节第3题、5题	第六章第二节考点	第六章第二节"二、【考生必掌握】""【历年这样考】第2题"

题号	涉及科目	考点	与《复习题集》吻合的内容	与《核心考点掌中宝》吻合的内容	与《历年真题＋考点解读＋专家指导》吻合的内容
77	建设工程进度控制	工程延期的申报与审批	第六章第二节第23题	第六章第二节考点	第六章第二节"一、【考生必掌握】"
78		调整施工进度计划的措施	第六章第四节第10题	第六章第四节考点2	第六章第四节"二、【考生必掌握】""【历年这样考】第2题"
79		工程延误的处理	第六章第五节第17题、18题	第六章第五节考点2	第六章第五节"二、【考生必掌握】""【历年这样考】第2题"
80		物资供应计划的编制	—	第六章第六节考点1	第六章第六节"一、【考生必掌握】"
81	建设工程质量控制	工程质量监督	第一章第三节第20题、23题	第一章第三节考点1	第一章第三节"二、采分点1【考生必掌握】""【还会这样考】"
82		建设工程质量保修	第一章第三节第21题 第六章第三节第2题、3题	第一章第三节考点2 第六章第三节考点1	第六章第三节"一、【考生必掌握】"
83		监理工作的主要手段	—	第二章第二节考点4	第二章第二节"四、【考生必掌握】"
84		卓越绩效模式标准框架中的逻辑关系	—	—	第二章第三节"一、【考生必掌握】"

题号	涉及科目	考点	与《复习题集》吻合的内容	与《核心考点掌中宝》吻合的内容	与《历年真题＋考点解读＋专家指导》吻合的内容
85	建设工程质量控制	控制图的观察与分析	第三章第一节第71题	第三章第一节考点7	第三章第一节"五、采分点3【考生必掌握】""【还会这样考】"
86		钢筋、钢丝及钢绞线检验内容	第三章第二节第5题	第三章第二节考点1	第三章第二节"一、采分点1【考生必掌握】"
87		钢筋进场检查	第三章第二节第1题、3题	第三章第二节考点2	第三章第二节"一、采分点1【考生必掌握】""【历年这样考】第3题""【还会这样考】"
88		初步设计评估报告的内容	第四章第二节第5题	第四章第二节考点2	第四章第二节"【考生必掌握】""【历年这样考】第3题"
89		图纸会审与设计交底	第五章第二节第1题、2题	第五章第二节考点1	第五章第二节"一、【考生必掌握】"
90		施工组织设计报审	第五章第二节第6题、7题	第五章第二节考点2	第五章第二节"二、【考生必掌握】""【历年这样考】第2题、3题"
91		装配式建筑PC构件施工质量控制	—	第五章第三节考点3	第五章第三节"五、【考生必掌握】"
92		现场安全管理	—	第五章第五节考点3	第五章第五节"二、【考生必掌握】"

题号	涉及科目	考点	与《复习题集》吻合的内容	与《核心考点掌中宝》吻合的内容	与《历年真题＋考点解读＋专家指导》吻合的内容
93		分项工程的划分	第六章第一节第5题	第六章第一节考点2	第六章第一节"二、【考生必掌握】""【历年这样考】第1题"
94	建设工程质量控制	单位工程质量验收	第六章第一节第43题	第六章第一节考点6	第六章第一节"四、采分点1【考生必掌握】"
95		单位工程安全和功能检验资料核查及主要功能抽查记录	第六章第一节第49题	—	第六章第一节"四、采分点2【考生必掌握】"
96		质量事故调查报告的内容	第七章第二节第11题	第七章第二节考点3	第七章第二节"三、【考生必掌握】""【历年这样考】第2题"
97		施工阶段投资控制的主要工作	第一章第三节第2题	第一章第三节考点	第一章第三节"【考生必掌握】""【历年这样考】第1题、2题"
98	建设工程投资控制	安全文明施工费的内容	第二章第二节第21题	第二章第二节考点2	第二章第二节"二、【考生必掌握】""【历年这样考】第3题"
99		企业管理费的内容	第二章第二节第17题	第二章第二节考点1	第二章第二节"一、【考生必掌握】""【历年这样考】第1题"
100		物有所值定性评价	第三章第二节第28题	第三章第二节考点7	第三章第二节"二、采分点4【考生必掌握】""【历年这样考】第1题"

题号	涉及科目	考点	与《复习题集》吻合的内容	与《核心考点掌中宝》吻合的内容	与《历年真题＋考点解读＋专家指导》吻合的内容
101	建设工程投资控制	财务分析指标的计算	第四章第四节第 12 题、13 题、15 题、16 题、20 题、21 题、27 题	第四章第四节考点 2	第四章第四节"二、【考生必掌握】"
102		经济费用和效益分析常用指标	第四章第四节第 34 题	第四章第四节考点 3	第四章第四节"三、采分点 1【考生必掌握】"
103		单位工程概算的编制	—	—	—
104		其他项目清单的编制	第六章第一节第 19 题	第六章第一节考点 4	第六章第一节"二、采分点 3【考生必掌握】""【历年这样考】第 2 题"
105		影响合同价格方式选择的因素	第六章第三节第 25 题	—	—
106		《标准施工招标文件》中承包人索赔可引用的条款	第七章第五节第 4 题、6 题	第七章第五节考点 2	第七章第五节"三、采分点 2【考生必掌握】""【历年这样考】第 1 题"
107		投资偏差产生原因	第七章第八节第 15 题	第七章第八节考点 2	第七章第八节"二、【考生必掌握】""【历年这样考】"
108		已完工程进度款支付申请的内容	第七章第六节第 8 题	第七章第六节考点 3	第七章第六节"三、【考生必掌握】""【还会这样考】第 2 题"

13

题号	涉及科目	考点	与《复习题集》吻合的内容	与《核心考点掌中宝》吻合的内容	与《历年真题＋考点解读＋专家指导》吻合的内容
109	建设工程进度控制	总进度纲要的内容	第一章第一节第28题	第一章第一节考点4	第一章第一节"三、采分点1【考生必掌握】"
110		流水施工方式的特点	第二章第一节第7题	第二章第一节考点1	第二章第一节"一、【考生必掌握】""【历年这样考】第3题"
111		非节奏流水施工的特点	第二章第三节第1题、2题	第二章第二节考点1	第二章第二节"一、【考生必掌握】""【历年这样考】"
112		双代号网络计划的绘图规则	第三章第二节第1～8题	第三章第二节考点	第三章第二节"【考生必掌握】""【历年这样考】第1～3题""【还会这样考】第1题、2题"
113		关键节点和关键工作	第三章第三节第49题	第三章第四节考点2	第三章第三节"四、【考生必掌握】""【历年这样考】第1题"
114		关键线路的判断	第三章第三节第40题 第三章第四节第4题	第三章第四节考点2	第三章第三节"四、【考生必掌握】""【历年这样考】第3题"
115		工期优化	第三章第五节第9题	第三章第五节考点	第三章第五节"一、【考生必掌握】""【历年这样考】第2题"

题号	涉及科目	考点	与《复习题集》吻合的内容	与《核心考点掌中宝》吻合的内容	与《历年真题＋考点解读＋专家指导》吻合的内容
116	建设工程进度控制	建设工程实际进度与计划进度比较方法	第四章第二节知识导学	第四章第二节考点1～考点4	第四章第二节"【考生必掌握】"
117		前锋线比较法的应用	第四章第二节第31～39题	第四章第二节考点4	第四章第二节"四、【考生必掌握】""【历年这样考】第1～4题""【还会这样考】第1题、2题"
118		监理工程师控制工程施工进度的工作内容	第六章第二节第2题	第六章第二节考点	第六章第二节"一、【考生必掌握】""【历年这样考】第1题"
119		施工进度计划的检查与调整	第六章第三节第22题	第六章第三节考点2	第六章第三节"二、采分点2【考生必掌握】""【历年这样考】第1题"
120		监理工程师控制物资供应进度的工作内容	第六章第六节第26、27题	第六章第六节考点2	第六章第六节"二、【考生必掌握】""【还会这样考】""

第一篇　　方法技巧篇

（一）如何备考监理工程师考试？

1. 准备好考试大纲和教材

监理工程师考试统一使用的考试大纲、教材在复习中起到很重要的作用。它会告诉你考题类型和题型趋势，所以一定要对教材和大纲进行认真的阅读以及认真完成习题。教材和大纲要反复阅读，仅仅看一遍是不能产生长久记忆的。如果有精力可以准备几本辅导书，增加自己的知识量。

2. 标记考试真题

将近几年的考试真题在教材中找到出处，并标记是哪一年的真题。当把近几年的真题全部标记好，你就会发现，有些题目很相似，或许是题干一样，或许题型一样，又或许数字一样。

3. 总结命题采分点

根据教材中标记的考试真题，统计各章节在历年考试中所占分值，可以更好地把握命题的规律，以及难易程度是如何分配的。

4. 全面熟读教材

要理解性的记住教材上的重点内容，特别是关键的字、词、句和相关数字性的规定。做到不仅心中明白，而且能够用专业术语在纸面上答题，达到考试的要求。

5. 重要考点突击

在对教材通读的基础上，考生应注意抓住重点内容进行复习，这些知识点在每年的考试中都会出现，只不过命题形式不同罢了。对于重要的知识要反复地记，做到烂熟于心，还要考虑一下这个知识点出现的不同的试题中要如何去作答，把这些要掌握的专业技术知识掌握得更加熟练，运用得更加灵活。

《全国监理工程师职业资格考试核心考点掌中宝》系列丛书，是非常适合在平时的复习中对重要考点进行巩固记忆，又适合有一定基础的考生在考前冲刺阶段强化记忆。在易混淆、重点内容下加注下划线，提示考生要特别注意，省却了考生勾画重点的精力，只要全身心投入记忆即可。本书还有一个特点就是便于考生携带，随翻随学，可利用各种场合的闲暇时间翻阅学习，在复习备考的有限时间内，充分利用本书，可以用最少的时间达到最佳的效果。

（二）答题技巧与方法

1. 单项选择题的答题技巧与方法

　　单项选择题每题 1 分，由题干和 4 个备选项组成，备选项中只有 1 个最符合题意，其余 3 个都是干扰项。如果选择正确，则得 1 分，否则不得分。单项选择题大部分来自考试用书中的基本概念、原理和方法，一般比较简单。如果考生对试题内容比较熟悉，可以直接从备选项中选出正确项，以节约时间。当无法直接选出正确选项时，可采用逻辑推理的方法进行判断选出正确选项，也可通过逐个排除不正确的干扰选项，最后选出正确选项。通过排除法仍不能确定正确项时，可以凭感觉进行猜测。当然，排除的备选项越多，猜中的概率就越大。单项选择题一定要作答，不要空缺。单项选择题必须保证正确率在 75% 以上，实际上这一要求并不是很高。单项选择题解题方法和答题技巧一般有以下几种方法：

　　（1）直接选择法。即直接选出正确项，如果应考者对该考点比较熟悉，可采用此方法，以节约时间。

　　（2）间接选择法。即排除法，如正确答案不能直接马上看出，逐个排除不正确的干扰项，最后选出正确答案。

　　（3）感觉猜测法。通过排除法仍有 2 个或 3 个答案不能确定，甚至 4 个答案均不能排除，可以凭感觉随机猜测。一般来说，排除的答案越多，猜中的概率越高，千万不要空缺。

　　（4）比较选择法。命题者水平再高，有时为了凑答案，句子或用词不是那么专业化或显得又太专业化，通过对答案和题干进行研究、分析、比较可以找出一些陷阱，去除不合理选项，从而再应用排除法或猜测法选定答案。

2. 多项选择题的答题技巧与方法

　　多项选择题每题 2 分，由题干和 5 个备选项组成，备选项中至少有 2 个、最多有 4 个最符合题意,至少有 1 个是干扰项。因此,正确选项可能是 2 个、3 个或 4 个。如果全部选择正确,则得 2 分;只要有 1 个备选项选择错误,该题不得分。如果答案中没有错误选项,但未全部选出正确选项时,选择的每 1 个选项得 0.5 分。多项选择题的作答有一定难度,考生考试成绩的高低及能否通过考试科目,在很大程度上取决于多项选择题的得分。考生在作答多项选择题时首先选择有把握的正确选项,对没有把握的备选项最好不选,除非有绝对选择正确的把握,最好不要选 4 个答案是正确的。当对所有备选项均没有把握时,可以采用猜测法选择 1 个备选项,得 0.5 分总比不得分强。多项选择题中至少应该有 30% 的题考生是可以完全正确选择的,这就是说可以得到多项选择题的 30% 的分值,如果其他 70% 的多项选择题,每题选择 2 个正确答案,那么考生又可以得到多项选择题的 35% 的分值,这样就可以稳妥地过关。

多项选择题的解题方法也可采用直接选择法、排除法、比较法和逻辑推理法,但一定要慎用感觉猜测法。应考者做多项选择题时,要十分慎重,对正确选项有把握的,可以先选;对没有把握的选项最好不选。

3. 案例分析题的答题技巧与方法

案例分析题的目的是综合考核考生对有关的基本内容、基本概念、基本原理、基本原则和基本方法的掌握程度以及检验考生灵活应用所学知识解决工作实际问题的能力。案例分析题解答时应注意以下几点:

(1)首先要详细阅读案例分析题的背景材料,建议阅读两遍,理清背景材料中的各种关系和相关条件,抓住关键词和要点。

(2)看清楚问题的内容,充分利用背景材料中的条件,确定解答该问题所需运用的知识内容,注意有问必答,答为所问,不要"画蛇添足"。

(3)看清楚有几个问题,不要漏答,每一个问号都是一个采分点,要分别回答,不能漏答,否则要失分。

(4)答题要有层次,解答紧扣题意,有问必答,不问不答,一问一答，一般来说，四五个问题之间的关联性小，但每个问题的若干小问有关联。

（5）字体要端正，易得印象分。

（6）案例分析题的答题位置要正确。

第二篇 考题采分篇

《建设工程质量控制》

（一）建设工程质量管理制度和责任体系

近10年考试真题采点分布

近10年考查情况/分

考点	2013年 单选	2013年 多选	2014年 单选	2014年 多选	2015年 单选	2015年 多选	2016年 单选	2016年 多选	2017年 单选	2017年 多选	2018年 单选	2018年 多选	2019年 单选	2019年 多选	2020年 单选	2020年 多选	2021年 单选	2021年 多选	2022年 单选	2022年 多选
建设工程质量特性																	1		1	
工程建设阶段对质量形成的作用与影响							1						1		2					
影响工程质量的因素		2						2												
工程质量控制主体			1													2				
工程质量控制的原则	1		1														1			
政府监督管理职能																				
工程质量管理主要制度								2	1	2		4	1	2	2	4	1	4	2	4
建设单位的质量责任和义务	1			2		2									1	2				
勘察单位的质量责任和义务														2						

考点	2013年		2014年		2015年		2016年		2017年		2018年		2019年		2020年		2021年		2022年	
	单选	多选	单选	多选	单选	多选	单选	多选	单选	多选	单选	多选	单选	多选	单选	多选	单选	多选	单选	多选
设计单位的质量责任和义务							1		1											
施工单位的质量责任和义务																	1			
工程监理单位的质量责任和义务															2					
工程质量检测单位的质量责任和义务																			1	

近 10 年考查情况/分

（二）ISO 质量管理体系及卓越绩效模式

近 10 年考试真题采分点分布

考点	2013年		2014年		2015年		2016年		2017年		2018年		2019年		2020年		2021年		2022年	
	单选	多选	单选	多选	单选	多选	单选	多选	单选	多选	单选	多选	单选	多选	单选	多选	单选	多选	单选	多选
ISO 质量管理体系的质量管理原则							1		1				1			2	1	2		1

近 10 年考查情况/分

近 10 年考查情况/分

考点	2013年 单选	2013年 多选	2014年 单选	2014年 多选	2015年 单选	2015年 多选	2016年 单选	2016年 多选	2017年 单选	2017年 多选	2018年 单选	2018年 多选	2019年 单选	2019年 多选	2020年 单选	2020年 多选	2021年 单选	2021年 多选	2022年 单选	2022年 多选
监理企业质量管理体系的建立				2			1	2	1					2					1	
监理企业质量管理体系的实施												2	1				1			
项目监理机构的工作制度															1					
监理工作中的主要手段				2																2
卓越绩效模式的基本特征															1		1			
卓越绩效模式的核心价值观															1			2		
《卓越绩效评价准则》的结构内容和评价内容							1									2				2
《卓越绩效评价准则》与 ISO 9000 的比较																			1	

（三）建设工程质量的统计分析和试验检测方法

近10年考试真题采分点分布

近10年考查情况/分

考点	2013年 单选	2013年 多选	2014年 单选	2014年 多选	2015年 单选	2015年 多选	2016年 单选	2016年 多选	2017年 单选	2017年 多选	2018年 单选	2018年 多选	2019年 单选	2019年 多选	2020年 单选	2020年 多选	2021年 单选	2021年 多选	2022年 单选	2022年 多选
质量数据的特征值			1				1		1				1		1		1			
质量数据的分布特征																			1	
抽样检验方法	1														1				1	
抽样检验的分类及抽样方案			1					2					1				1			
工程质量统计分析方法的用途	1	2	1	2			2		1	2			1		1			2	1	
直方图的观察与分析	1								1								1			
控制图的观察与分析						2						2	1							2
相关图的观察与分析									1								1			
钢筋、钢丝及钢绞线性能试验				2			1	2			2	2	2	2	2					4

29

近 10 年考查情况／分

考点	2013年 单选	2013年 多选	2014年 单选	2014年 多选	2015年 单选	2015年 多选	2016年 单选	2016年 多选	2017年 单选	2017年 多选	2018年 单选	2018年 多选	2019年 单选	2019年 多选	2020年 单选	2020年 多选	2021年 单选	2021年 多选	2022年 单选	2022年 多选
混凝土材料性能试验															1		1		1	
砌筑砂浆材料性能试验																			1	
地基基础工程试验																			1	
混凝土结构实体检测													1			2				
钢结构实体检测																				
砌体结构实体检测																2		2		2

（四）　建设工程勘察设计阶段质量管理

近 10 年考试真题采分点分布

近 10 年考查情况／分

考点	2013年 单选	2013年 多选	2014年 单选	2014年 多选	2015年 单选	2015年 多选	2016年 单选	2016年 多选	2017年 单选	2017年 多选	2018年 单选	2018年 多选	2019年 单选	2019年 多选	2020年 单选	2020年 多选	2021年 单选	2021年 多选	2022年 单选	2022年 多选
工程勘察各阶段工作要求																	1			

近 10 年考查情况/分

考点	2013年 单选	2013年 多选	2014年 单选	2014年 多选	2015年 单选	2015年 多选	2016年 单选	2016年 多选	2017年 单选	2017年 多选	2018年 单选	2018年 多选	2019年 单选	2019年 多选	2020年 单选	2020年 多选	2021年 单选	2021年 多选	2022年 单选	2022年 多选
工程勘察企业应履行的质量工作																			1	
工程勘察质量管理主要工作												2			1					
建设项目设计阶段分类															1		1			
初步设计和技术设计文件的深度要求								2	1										1	
初步设计质量管理							1							2				2		2
施工图设计质量管理				2									1				1		1	

（五）建设工程施工质量控制和安全生产管理

近10年考试真题采分点分布

考点	2013年 单选	2013年 多选	2014年 单选	2014年 多选	2015年 单选	2015年 多选	2016年 单选	2016年 多选	2017年 单选	2017年 多选	2018年 单选	2018年 多选	2019年 单选	2019年 多选	2020年 单选	2020年 多选	2021年 单选	2021年 多选	2022年 单选	2022年 多选
施工质量控制的依据							1		1	2										
施工质量控制的工作程序			1					2						2						
图纸会审与设计交底			1				1		1										1	2
施工组织设计的审查			1	2			1		1	2			2					2		2
施工方案的审查																	1		1	
现场施工准备的质量控制			4	4	4	4	4	4	2	2	2	2	3	2		2				
巡视与旁站				2					1			4	1				1		1	
见证取样与平行检验												2				2	2		1	
工程实体质量控制															1		1		1	

32

近 10 年考查情况/分

考点	2013年		2014年		2015年		2016年		2017年		2018年		2019年		2020年		2021年		2022年	
	单选	多选	单选	多选	单选	多选	单选	多选	单选	多选	单选	多选	单选	多选	单选	多选	单选	多选	单选	多选
装配式建筑 PC 构件施工质量控制																				2
监理通知单、工程暂停令、工程复工令的签发			2				1	2	1		1			2				2		
施工单位提出工程变更的处理														2						
质量记录资料的管理										2										
危险性较大的分部分项工程范围																2	1			
专项施工方案的编制、审核与论证审查															1				1	
现场安全管理																		2		2

33

（六）建设工程施工质量验收和保修

近10年考试真题采分点分布

近10年考查情况/分

考点	2013年		2014年		2015年		2016年		2017年		2018年		2019年		2020年		2021年		2022年	
	单选	多选	单选	多选	单选	多选	单选	多选	单选	多选	单选	多选	单选	多选	单选	多选	单选	多选	单选	多选
单位工程的划分			1										1							2
分部工程、分项工程、检验批的划分				4			1	2		2	1	2		2						
室外工程的划分		2																		
建筑工程施工质量验收基本规定							2				1		2			2				
建筑工程施工质量验收合格标准	3										1	2	1	2			1		1	
建筑工程施工质量验收组织及验收记录的填写	1		2			2	1	2			2	2	2	2			1	2	2	

近 10 年考查情况/分

考点	2013年 单选	2013年 多选	2014年 单选	2014年 多选	2015年 单选	2015年 多选	2016年 单选	2016年 多选	2017年 单选	2017年 多选	2018年 单选	2018年 多选	2019年 单选	2019年 多选	2020年 单选	2020年 多选	2021年 单选	2021年 多选	2022年 单选	2022年 多选
单位工程安全和功能检查项目																		2		2
建筑工程质量验收时不符合要求的处理			1				1				1									
城市交通建设工程项目工程验收															1		1		1	
工程保修期限规定			1									2			1					

（七）建设工程质量缺陷及事故处理

近 10 年考试真题采分点分布

近 10 年考查情况/分

考点	2013年 单选	2013年 多选	2014年 单选	2014年 多选	2015年 单选	2015年 多选	2016年 单选	2016年 多选	2017年 单选	2017年 多选	2018年 单选	2018年 多选	2019年 单选	2019年 多选	2020年 单选	2020年 多选	2021年 单选	2021年 多选	2022年 单选	2022年 多选
工程质量缺陷的成因								2							1					
工程质量缺陷的处理										1	1		1							

近 10 年考查情况/分

考点	2013 年		2014 年		2015 年		2016 年		2017 年		2018 年		2019 年		2020 年		2021 年		2022 年	
	单选	多选	单选	多选	单选	多选	单选	多选	单选	多选	单选	多选	单选	多选	单选	多选	单选	多选	单选	多选
工程质量事故等级划分							1				1		1		1				1	
工程质量事故处理的依据								2				2				2				
工程质量事故处理程序				2			2		2		1		2		1		1	2	2	
工程质量事故处理的基本方法	2		1			4	1				1	2		4	1		1	2		2

（八）设备采购和监造质量控制

近 10 年考试真题采分点分布

近 10 年考查情况/分

考点	2013 年		2014 年		2015 年		2016 年		2017 年		2018 年		2019 年		2020 年		2021 年		2022 年	
	单选	多选	单选	多选	单选	多选	单选	多选	单选	多选	单选	多选	单选	多选	单选	多选	单选	多选	单选	多选
市场采购设备质量控制	1									2	1	2	2							

近10年考查情况/分

考点	2013年		2014年		2015年		2016年		2017年		2018年		2019年		2020年		2021年		2022年	
	单选	多选	单选	多选	单选	多选	单选	多选	单选	多选	单选	多选	单选	多选	单选	多选	单选	多选	单选	多选
向生产厂家订购设备质量控制							1													
设备制造的质量控制方式			1				1				1		1							
设备制造的质量控制内容	1					2		2						2	1	2	1		1	
设备运输与交接的质量控制			1																	

37

《建设工程投资控制》

（一）建设工程投资控制概述

近 10 年考试真题采点分布

近 10 年考查情况/分

考点	2013年 单选	2013年 多选	2014年 单选	2014年 多选	2015年 单选	2015年 多选	2016年 单选	2016年 多选	2017年 单选	2017年 多选	2018年 单选	2018年 多选	2019年 单选	2019年 多选	2020年 单选	2020年 多选	2021年 单选	2021年 多选	2022年 单选	2022年 多选
建设工程项目投资的概念	1			2						1			1		1				1	
建设工程项目投资的特点	1		1																	
投资控制的目标和重点							1										1			
投资控制的措施	1						1	2											1	
我国项目监理机构在建设工程投资控制中的主要工作		2					1							2		2		2		2

39

（二）建设工程投资构成

近 10 年考试真题采分点分布

近 10 年考查情况/分

考点	2013 年 单选	2013 年 多选	2014 年 单选	2014 年 多选	2015 年 单选	2015 年 多选	2016 年 单选	2016 年 多选	2017 年 单选	2017 年 多选	2018 年 单选	2018 年 多选	2019 年 单选	2019 年 多选	2020 年 单选	2020 年 多选	2021 年 单选	2021 年 多选	2022 年 单选	2022 年 多选
我国现行建设工程投资构成	2														1		1			
按费用构成要素划分的建筑安装工程费用项目组成		4	1	4		2	1	2	2			2	2	4	1		1		2	2
按造价形成划分的建筑安装工程费用项目组成				2			2			2		2				2		2		2
费用构成要素计算方法			1					2					1		1		1		1	
建筑安装工程计价程序													1							
设备原价的构成																				
进口设备的交货方式						2				2										

考点	2013年 单选	2013年 多选	2014年 单选	2014年 多选	2015年 单选	2015年 多选	2016年 单选	2016年 多选	2017年 单选	2017年 多选	2018年 单选	2018年 多选	2019年 单选	2019年 多选	2020年 单选	2020年 多选	2021年 单选	2021年 多选	2022年 单选	2022年 多选
进口设备抵岸价的构成及其计算	1		1							1			1		1		1			1
工程建设其他费用组成		2		2			1		1			2		2		2		2		
预备费组成和计算	1																			
建设期利息的计算								2					1				1			

（三）建设工程项目投融资

近 10 年考试真题采分点分布

考点	2013年 单选	2013年 多选	2014年 单选	2014年 多选	2015年 单选	2015年 多选	2016年 单选	2016年 多选	2017年 单选	2017年 多选	2018年 单选	2018年 多选	2019年 单选	2019年 多选	2020年 单选	2020年 多选	2021年 单选	2021年 多选	2022年 单选	2022年 多选
项目资本金制度																	1		1	
债务资金筹措方式																		2		
项目融资的特点															1					
政府和社会资本合作（PPP）模式																2	1		1	2

(四) 建设工程决策阶段投资控制

近 10 年考试真题采分点分布

近 10 年考查情况/分

考点	2013 年 单选	2013 年 多选	2014 年 单选	2014 年 多选	2015 年 单选	2015 年 多选	2016 年 单选	2016 年 多选	2017 年 单选	2017 年 多选	2018 年 单选	2018 年 多选	2019 年 单选	2019 年 多选	2020 年 单选	2020 年 多选	2021 年 单选	2021 年 多选	2022 年 单选	2022 年 多选
可行性研究的依据															1					
项目可行性研究的内容																	1		1	
现金流量															1					
利息的计算							1						1							
实际利率和名义利率的计算			1				1									2		1		
复利法资金时间价值计算的基本公式	1		1																1	
项目建议书阶段的投资估算															1		1			
流动资金估算																			1	

考点	2013年 单选	2013年 多选	2014年 单选	2014年 多选	2015年 单选	2015年 多选	2016年 单选	2016年 多选	2017年 单选	2017年 多选	2018年 单选	2018年 多选	2019年 单选	2019年 多选	2020年 单选	2020年 多选	2021年 单选	2021年 多选	2022年 单选	2022年 多选
																				近10年考查情况/分
财务分析的主要指标		2	1						1				1							
财务分析主要指标的计算			1	2			1		2					2	1	2	1	2	1	
项目经济分析与财务分析的区别																		2		2

（五）建设工程设计阶段投资控制

考点	2013年 单选	2013年 多选	2014年 单选	2014年 多选	2015年 单选	2015年 多选	2016年 单选	2016年 多选	2017年 单选	2017年 多选	2018年 单选	2018年 多选	2019年 单选	2019年 多选	2020年 单选	2020年 多选	2021年 单选	2021年 多选	2022年 单选	2022年 多选
																				近10年考查情况/分
民用建筑设计方案评选内容			1												1		1		1	
价值工程方法及特点							1		1							2				

近10年考查情况/分

考点	2013年 单选	2013年 多选	2014年 单选	2014年 多选	2015年 单选	2015年 多选	2016年 单选	2016年 多选	2017年 单选	2017年 多选	2018年 单选	2018年 多选	2019年 单选	2019年 多选	2020年 单选	2020年 多选	2021年 单选	2021年 多选	2022年 单选	2022年 多选
价值工程对象选择的一般原则								2												
价值工程对象选择的方法			1												1					
价值工程的功能和价值分析			1						1				1						1	
价值工程新方案创造				2										2						
设计概算的内容和组成									1						1					
设计概算编制办法										2				2		2				2
设计概算概念审查	2																			
施工图预算的作用																	1	2	1	
定额单价法与实物量法编制施工图预算				2								2			1		1			
工程量清单单价法编制施工图预算																				

44

近 10 年考查情况/分

考点	2013 年		2014 年		2015 年		2016 年		2017 年		2018 年		2019 年		2020 年		2021 年		2022 年	
	单选	多选	单选	多选	单选	多选	单选	多选	单选	多选	单选	多选	单选	多选	单选	多选	单选	多选	单选	多选
施工图预算的审查内容				2				2											1	
施工图预算的审查方法									1			2	1							

（六）建设工程招标阶段投资控制

近 10 年考试真题采分点分布

近 10 年考查情况/分

考点	2013 年		2014 年		2015 年		2016 年		2017 年		2018 年		2019 年		2020 年		2021 年		2022 年	
	单选	多选	单选	多选	单选	多选	单选	多选	单选	多选	单选	多选	单选	多选	单选	多选	单选	多选	单选	多选
工程量清单的分类、作用与适用范围				2				2		2			1							
工程量清单的编制主体、组成							1		1									1		

近10年考查情况/分

考点	2013年单选	2013年多选	2014年单选	2014年多选	2015年单选	2015年多选	2016年单选	2016年多选	2017年单选	2017年多选	2018年单选	2018年多选	2019年单选	2019年多选	2020年单选	2020年多选	2021年单选	2021年多选	2022年单选	2022年多选
分部分项工程项目清单的编制							2		1				1							
其他项目清单的编制			1	2										2						2
招标控制价及确定方法		2					1								1					
投标价格编制原则								2												
投标报价审核方法		4	1				1	2			2			2	1		1	2	2	
总价合同		2	1				1		1			2	1				1			
单价合同	1																	2		
成本加酬金合同						4			1				1			2			1	
影响合同价格方式选择的因素															1					2
合同价约定内容																				

（七）建设工程施工阶段投资控制

近 10 年考试真题采分点分布

考点	近 10 年考查情况/分																			
	2013 年		2014 年		2015 年		2016 年		2017 年		2018 年		2019 年		2020 年		2021 年		2022 年	
	单选	多选	单选	多选	单选	多选	单选	多选	单选	多选	单选	多选	单选	多选	单选	多选	单选	多选	单选	多选
资金使用计划的编制							2													
工程计量的原则与依据																2				
单价合同与总价合同计量的程序			1										1		1		1			
工程计量的方法	1			2				2												1
法律法规变化价款调整			1											2			1			
工程量偏差的价款调整	1		1				1								1					
物价变化的价款调整			2				2	2					1			2	1			2
暂估价的价款调整											1		1		1	2	1			
不可抗力造成损失的承担	1		1										1		1					

近 10 年考查情况/分

考点	2013 年		2014 年		2015 年		2016 年		2017 年		2018 年		2019 年		2020 年		2021 年		2022 年	
	单选	多选	单选	多选	单选	多选	单选	多选	单选	多选	单选	多选	单选	多选	单选	多选	单选	多选	单选	多选
暂列金额的价款调整													1							
索赔的主要类型				2					2				1						1	
《标准施工招标文件》中承包人索赔可引用的条款												2	1		1			2		2
2017 版 FIDIC《施工合同条件》中承包人向业主索赔可引用的明示条款																		2		
索赔费用的组成	2			2		2						2		2						
索赔费用的计算方法			1												1					
现场签证的范围							1													
预付款的支付与扣回																				
进度款的支付										2	2		1		1			2		
质量保证金			1				1				2		1		1			2	1	
赢得值法															1		1		1	
偏差原因分析		2						2												2

《建设工程进度控制》

(一) 建设工程进度控制概述

近 10 年考试真题采分点分布

近 10 年考查情况/分

考点	2013年		2014年		2015年		2016年		2017年		2018年		2019年		2020年		2021年		2022年	
	单选	多选	单选	多选	单选	多选	单选	多选	单选	多选	单选	多选	单选	多选	单选	多选	单选	多选	单选	多选
影响进度的因素分析	1		1					2				2		2	1		1			2
进度控制的措施	1			2				2		2	1	2	1		1		1		1	
建设工程实施阶段进度控制的主要任务	1																		1	
建设项目总进度目标的论证			1	2		2	1									2				
建设单位的计划系统						2	1		1	2	1		1		1		1		1	
监理单位的计划系统														2						
设计单位的计划系统		2	1																	
施工单位的计划系统																		2		
建设工程进度计划的表示方法	2	2	1				1		1					2	1					
建设工程进度计划的编制程序			1										1							

50

近 10 年考试真题采分点分布

近 10 年考查情况/分

考点	2013年 单选	2013年 多选	2014年 单选	2014年 多选	2015年 单选	2015年 多选	2016年 单选	2016年 多选	2017年 单选	2017年 多选	2018年 单选	2018年 多选	2019年 单选	2019年 多选	2020年 单选	2020年 多选	2021年 单选	2021年 多选	2022年 单选	2022年 多选
组织施工方式及特点	1		1			2	1		1			2					1			2
流水施工参数	1	2	1	2	1	2	1	2	1		1	2	2	2	1			2	2	
固定节拍、加快的成倍节拍节奏流水施工的特点		2		2				2		2		2				2	2	2	1	2
固定节拍流水施工工期的确定			1						1						1		1			1
加快的成倍节拍流水施工流水步距、专业工作队数目、工期的确定	1				1		1						1							
非节奏流水施工中流水步距与流水施工工期的确定	1						1		1						1					

(三) 网络计划技术

近10年考试真题采分点分布

近10年考查情况/分

考点	2013年 单选	2013年 多选	2014年 单选	2014年 多选	2015年 单选	2015年 多选	2016年 单选	2016年 多选	2017年 单选	2017年 多选	2018年 单选	2018年 多选	2019年 单选	2019年 多选	2020年 单选	2020年 多选	2021年 单选	2021年 多选	2022年 单选	2022年 多选
网络计划的基本概念	1																		1	
双代号网络图的绘制		2		2		2		2				2		2				2		2
网络计划时间参数的概念			2												2					
工作计算法计算双代号网络计划时间参数	2		2										2		1		3		2	
节点计算法计算双代号网络计划时间参数		2				2	1					2		2				2		
关键节点的特性																		2		2
单代号网络计划时间参数的计算							1						1		1		1		1	
双代号时标网络计划中时间参数的判定				2				2			2			2		2	2			
确定关键线路和关键工作	2	2	1			2	1	2	1	2	2	2	2	2	1	2			2	2
网络计划的优化	1				1		1						2				1	2	1	
单代号搭接网络计划	1		1		1						2				1			2		2

52

（四）建设工程进度计划实施中的监测与调整

近10年考试真题采分点分布

考点	近10年考查情况/分																			
	2013年		2014年		2015年		2016年		2017年		2018年		2019年		2020年		2021年		2022年	
	单选	多选	单选	多选	单选	多选	单选	多选	单选	多选	单选	多选	单选	多选	单选	多选	单选	多选	单选	多选
进度监测的系统过程							1				1					1	1		1	
进度调整的系统过程		2	1			2														
横道图比较法	1			2	1			2		2		2		2			1		1	
S曲线比较法		2									1		1							
香蕉曲线比较法							1											2		
前锋线比较法	1		1					2		2		2		2		2		2		2
分析进度偏差对后续工作及总工期的影响	1			2		2					1				1		1		1	
进度计划的调整方法	1						1								1		1	2	1	

（五）建设工程设计阶段进度控制

近 10 年考试真题采点分布

考点	近 10 年考查情况/分																			
	2013 年		2014 年		2015 年		2016 年		2017 年		2018 年		2019 年		2020 年		2021 年		2022 年	
	单选	多选	单选	多选	单选	多选	单选	多选	单选	多选	单选	多选	单选	多选	单选	多选	单选	多选	单选	多选
影响设计进度的因素			1										1							
监理单位的进度监控	1				1			1			1					2				1
建筑工程管理方法																		1		

（六）建设工程施工阶段进度控制

近 10 年考试真题采点分布

考点	近 10 年考查情况/分																			
	2013 年		2014 年		2015 年		2016 年		2017 年		2018 年		2019 年		2020 年		2021 年		2022 年	
	单选	多选	单选	多选	单选	多选	单选	多选	单选	多选	单选	多选	单选	多选	单选	多选	单选	多选	单选	多选
施工进度控制目标体系				2																

近10年考查情况/分

考点	2013年		2014年		2015年		2016年		2017年		2018年		2019年		2020年		2021年		2022年	
	单选	多选	单选	多选	单选	多选	单选	多选	单选	多选	单选	多选	单选	多选	单选	多选	单选	多选	单选	多选
施工进度控制目标的确定	1						1					2						2		
建设工程施工进度控制工作内容	1			2		2	1	2		2	2		2		1	2	2		2	2
施工总进度计划的编制		2					1	2		2										
单位工程施工进度计划的编制			1			2				2		2				2				2
项目监理机构对施工进度计划的审查			1		1									2						
施工进度的动态检查	1																			
施工进度计划的调整	1		1	2	1		1						2		1		1		1	
工程延期的申报与审批	1		1	2							1			2	1					
工程延期的控制与工程延误的处理					1		1				1						1		1	
物资供应计划的编制		2	1		1											2	1			
监理工程师控制物资供应进度的工作内容	1		1		1						1				1			2		2

55

第三篇　核心考点篇

《建设工程质量控制》

第一章　建设工程质量
管理制度和责任体系

第一节　工程质量形成过程和影响因素

核心考点1　建设工程质量特性（必考指数★★）

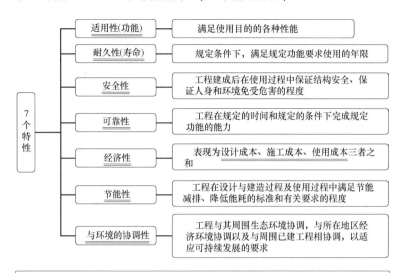

7个特性	适用性(功能)	满足使用目的的各种性能
	耐久性(寿命)	规定条件下，满足规定功能要求使用的年限
	安全性	工程建成后在使用过程中保证结构安全、保证人身和环境免受危害的程度
	可靠性	工程在规定的时间和规定的条件下完成规定功能的能力
	经济性	表现为设计成本、施工成本、使用成本三者之和
	节能性	工程在设计与建造过程及使用过程中满足节能减排、降低能耗的标准和有关要求的程度
	与环境的协调性	工程与其周围生态环境协调，与所在地区经济环境协调以及与周围已建工程相协调，以适应可持续发展的要求

> **助记：**
> 施耐庵可调节经济。

核心考点2　工程建设阶段对质量形成的作用与影响（必考指数★★）

阶段	对工程质量形成的作用和影响
项目可行性研究	直接影响项目的决策质量和设计质量
项目决策	确定工程项目的质量目标和水平
工程勘察、设计	设计质量是决定工程质量的关键环节
工程施工	形成实体质量的决定性环节
工程竣工验收	保证最终产品的质量

核心考点 3 影响工程质量的因素（必考指数★）

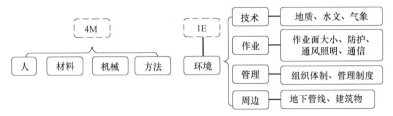

第二节 工程质量控制原则

核心考点 1 工程质量控制主体（必考指数★）

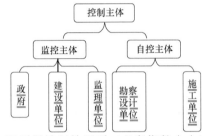

核心考点 2 工程质量控制的原则（必考指数★★）

原则	内容
坚持质量第一的原则	项目监理机构在进行投资、进度、质量三大目标控制时,在处理三者关系时,应坚持"百年大计,质量第一",在工程建设中自始至终把"质量第一"作为对工程质量控制的基本原则
坚持以人为核心的原则	工程建设中各单位、各部门、各岗位人员的工作质量水平和完善程度,都直接和间接地影响工程质量。所以在工程质量控制中,要以人为核心,重点控制人的素质和人的行为,充分发挥人的积极性和创造性,以人的工作质量保证工程质量
坚持预防为主的原则	工程质量控制应该是积极主动的,应事先对影响质量的各种因素加以控制,而不能是消极被动的,等出现质量问题再进行处理,已造成不必要的损失。所以,要重点做好质量的事先控制和事中控制,以预防为主,加强过程和中间产品的质量检查和控制

原则	内容
<u>以合同为依据,坚持质量标准</u>的原则	质量标准是评价产品质量的尺度,工程质量是否符合合同规定的质量标准要求,应通过质量检验并与质量标准对照。符合质量标准要求的才是合格,不符合质量标准要求的就是不合格,必须返工处理
<u>坚持科学、公平、守法的职业道德规范</u>	在工程质量控制中,项目监理机构必须坚持科学、公平、守法的职业道德规范,要尊重科学,尊重事实,以数据资料为依据,客观、公平地进行质量问题的处理

第三节　工程质量管理制度

核心考点 1　政府监督管理职能（必考指数★）

政府监督管理职能 ⎰ 建立和完善工程质量管理法规
建立和落实工程质量责任制
建设活动主体资格的管理
工程承发包管理
工程建设程序管理
工程质量监督管理

核心考点 2　工程质量管理主要制度（必考指数★★★）

主要制度	内容
工程质量监督	县级<u>以</u>上人民政府建设行政主管部门和其他有关部门履行监督检查职责时,有权采取下列措施: (1)要求被检查的单位提供有关工程质量的文件和资料; (2)进入被检查单位的施工现场进行检查; (3)发现有影响工程质量的问题时,责令改正。 建设工程发生质量事故,有关单位应当在<u>24h</u>内向当地建设行政主管部门和其他有关部门报告。 工程实体质量监督,是对涉及<u>工程主体结构安全、主要使用功能的工程实体质量情况实施监督</u>;工程质量行为监督,是对履行法定质量责任和义务的情况实施监督。工程质量监督管理包括下列内容:

63

主要制度		内容
工程质量监督		(1)执行法律法规和工程建设强制性标准的情况； (2)<u>抽查涉及工程主体结构安全和主要使用功能的工程实体质量</u>； (3)<u>抽查工程质量责任主体(建设、勘察、设计、施工和监理单位)和质量检测等单位的工程质量行为</u>； (4)抽查主要建筑材料、建筑构配件的质量； (5)<u>对工程竣工验收进行监督</u>； (6)组织或者参与工程质量事故的调查处理； (7)<u>定期对本地区工程质量状况进行统计分析</u>； (8)依法对违法违规行为实施处罚
施工图设计文件审查		从事房屋建筑工程、市政基础设施工程施工、监理等活动，以及实施对房屋建筑和市政基础设施工程质量安全监督管理，应当以审查合格的施工图为依据
建筑工程 施工许可	申办人	建筑工程<u>开工前</u>，<u>建设单位</u>应当按照国家有关规定向工程所在地<u>县级以上人民政府建设行政主管部门</u>申请领取施工许可证；但是，国务院建设行政主管部门确定的限额以下的小型工程除外
	期限	建设行政主管部门应当自收到申请之日<u>7</u>日内，对符合条件的申请颁发施工许可证。 建设单位应当自领取施工许可证之日起<u>3</u>个月内开工。因故不能按期开工的，应当向发证机关申请延期；延期以<u>两次</u>为限，每次不超过<u>3</u>个月
	中止施工	在建的建筑工程因故中止施工的，建设单位应当自中止施工之日起<u>1</u>个月内，向<u>发证机关</u>报告，并按照规定做好建筑工程的维护管理工作
	恢复施工	建筑工程恢复施工时，应当向发证机关报告；中止施工满1年的工程恢复施工前，<u>建设单位</u>应当报<u>发证机关核验施工许可证</u>

主要制度	内容
工程质量检测	建设工程质量检测,是指工程质量检测机构(简称检测机构)接受委托,依据国家有关法律、法规和工程建设强制性标准,对涉及结构安全项目的抽样检测和对进入施工现场的建筑材料、构配件的见证取样检测
工程竣工验收与备案	建设单位收到建设工程竣工报告后,应当组织设计、施工、工程监理等有关单位进行竣工验收。建设工程竣工验收应当具备下列条件: (1)完成建设工程设计和合同约定的各项内容; (2)有完整的技术档案和施工管理资料; (3)有工程使用的主要建筑材料、建筑构配件和设备的进场试验报告; (4)有勘察、设计、施工、工程监理等单位分别签署的质量合格文件; (5)有施工单位签署的工程保修书。 建设单位应当自工程竣工验收合格之日起15日内,依照规定,向工程所在地的县级以上地方人民政府建设主管部门备案
工程质量保修	根据《建设工程质量管理条例》,建设工程实行质量保修制度。建设工程承包单位在向建设单位提交工程竣工验收报告时,应当向建设单位出具质量保修书。质量保修书中应当明确建设工程的保修范围、保修期限和保修责任等。 房屋建筑工程保修期从工程竣工验收合格之日起计算。房屋建筑工程在保修期限内出现质量缺陷,建设单位或者房屋建筑所有人应当向施工单位发出保修通知。施工单位接到保修通知后,应当到现场核查情况。在保修书约定的时间内予以保修。 在保修期内,因房屋建筑工程质量缺陷造成房屋所有人、使用人或者第三方人身、财产损害的,房屋所有人、使用人或者第三方可以向建设单位提出赔偿要求。 下列情况不属于规定的施工单位保修范围: (1)因使用不当或者第三方造成的质量缺陷; (2)不可抗力造成的质量缺陷

第四节　工程参建各方的质量责任和义务

核心考点1　建设单位的质量责任和义务（必考指数★★）

项目	内容
禁止性规定	(1)不得将建设工程肢解发包。 (2)不得迫使承包方以低于成本的价格竞标。 (3)不得任意压缩合理工期。 (4)不得明示或暗示设计单位或施工单位违反建设强制性标准,降低建设工程质量。 (5)不得明示或者暗示施工单位使用不合格的建筑材料、建筑构配件和设备
质量责任和义务	(1)应当依法对工程建设项目的勘察、设计、施工、监理以及与工程建设有关的重要设备、材料等的采购进行招标。 (2)必须向建设项目的勘察、设计、施工、工程监理等单位提供与建设工程有关的原始资料。原始资料必须真实、准确、齐全。 (3)在建设工程开工前,应当按照国家有关规定办理工程质量监督手续,工程质量监督手续可以与施工许可证或者开工报告合并办理。 (4)按照合同约定采购建筑材料、建筑构配件和设备的,应当保证建筑材料、建筑构配件和设备符合设计文件和合同要求。 (5)涉及建筑主体和承重结构变动的装修工程,应当在施工前委托原设计单位或者具有相应资质等级的设计单位提出设计方案;没有设计方案的,不得施工。房屋建筑使用者在装修过程中,不得擅自变动房屋建筑主体和承重结构。 (6)收到建设工程竣工报告后,应当组织设计、施工、工程监理等有关单位进行竣工验收

核心考点2　勘察单位的质量责任和义务（必考指数★）

项目	内容
禁止性规定	(1)禁止超越其资质等级许可的范围或者以其他勘察单位的名义承揽工程。 (2)禁止允许其他单位或者个人以本单位的名义承揽工程。 (3)不得转包或者违法分包所承揽的工程

项目	内容
质量责任和义务	(1)必须按照工程建设强制性标准进行勘察,并对其勘察的质量负责。 (2)提供的地质、测量、水文等勘察成果必须真实、准确。 (3)应当对勘察后期服务工作负责

核心考点 3　设计单位的质量责任和义务（必考指数★）

项目	内容
禁止性规定	(1)<u>禁止</u>超越其资质等级许可的范围或者以其他设计单位的名义承揽工程。 (2)<u>禁止</u>允许其他单位或者个人以本单位的名义承揽工程。 (3)<u>不得转包</u>或者违法分包所承揽的工程
质量责任和义务	(1)必须按照工程建设强制性标准进行设计,并对其设计的质量负责。 (2)应当根据勘察成果文件进行建设工程设计。设计文件应当符合国家规定的设计深度要求,注明<u>工程合理使用年限</u>。 (3)在设计文件中选用的建筑材料、建筑构配件和设备,应当注明规格、型号、性能等技术指标,其质量要求必须符合国家规定的标准。除有特殊要求的建筑材料、专用设备、工艺生产线等外,不得指定生产厂、供应商。 (4)应当就审查合格的施工图设计文件向施工单位作出详细说明。 (5)应当参与建设工程质量事故分析,并对因设计造成的质量事故,提出相应的技术处理方案

核心考点 4　施工单位的质量责任和义务（必考指数★）

项目	内容
禁止性规定	(1)<u>禁止</u>超越本单位资质等级许可的业务范围或者以其他施工单位的名义承揽工程。 (2)<u>禁止</u>允许其他单位或者个人以本单位的名义承揽工程。 (3)<u>不得转包</u>或者违法分包工程

项目	内容
质量责任和义务	(1)对建设工程的施工质量负责。 (2)总承包单位依法将建设工程分包给其他单位的,分包单位应当按照分包合同的约定对其分包工程的质量向总承包单位负责,总承包单位与分包单位对分包工程的质量承担<u>连带责任</u>。 (3)必须按照<u>工程设计图纸和施工技术标准</u>施工,不得擅自修改工程设计,不得偷工减料。在施工过程中发现设计文件和图纸有差错的,应当及时提出意见和建议。 (4)必须按照<u>工程设计要求、施工技术标准和合同约定</u>,对建筑材料、建筑构配件、设备和商品混凝土进行检验,检验应当有书面记录和专人签字;经检验或者检验不合格的,不得使用。 (5)必须建立、健全施工质量的检验制度,严格工序管理,做好隐蔽工程的质量检查和记录。 (6)施工人员对涉及结构安全的试块、试件以及有关材料,应当在建设单位或者工程监理单位监督下现场取样,并送具有相应资质等级的质量检测单位进行检测。 (7)对施工中出现质量问题的建设工程或者竣工验收不合格的建设工程,应当负责返修。 (8)应当建立、健全教育培训制度,加强对职工的教育培训;未经教育培训或者考核不合格的人员,不得上岗作业

核心考点5 工程监理单位的质量责任和义务（必考指数★）

项目	内容
禁止性规定	(1)<u>禁止</u>超越本单位资质等级许可的范围或者以其他工程监理单位的名义承担工程监理业务。 (2)<u>禁止</u>允许其他单位或者个人以本单位的名义承担工程监理业务。 (3)<u>不得转让</u>工程监理业务
质量责任和义务	(1)与被监理工程的施工承包单位以及建筑材料、建筑构配件和设备供应单位有隶属关系或者其他利害关系的,不得承担该项建设工程的监理业务

项目	内容
质量责任和义务	(2)应当依照法律、法规以及有关技术标准、设计文件和建设工程承包合同，代表建设单位对施工质量实施监理，并对施工质量承担<u>监理责任</u>。 (3)应当选派具备相应资格的总监理工程师和监理工程师进驻施工现场。未经<u>监理工程师</u>签字，建筑材料、建筑构配件和设备<u>不得在工程上使用</u>或者安装，<u>施工单位不得进行下一道工序的施工</u>。未经<u>总监理工程师签字，建设单位不拨付工程款</u>，不进行竣工验收。 (4)监理工程师应按照工程监理规范的要求，采取<u>旁站、巡视和平行检验</u>等形式，对建设工程实施监理

核心考点 6　工程质量检测单位的质量责任和义务（必考指数★）

项目	内容
禁止性规定	(1)任何单位和个人不得涂改、倒卖、出租、出借或者以其他形式非法转让建设工程质量检测资质证书。 (2)任何单位和个人不得明示或者暗示检测机构出具虚假检测报告，不得篡改或者伪造检测报告。 (3)不得转包检测业务。检测人员不得同时受聘于两个或者两个以上的检测机构
质量责任和义务	(1)质量检测试样的取样应当严格执行有关工程建设标准和国家有关规定，<u>在建设单位或者工程监理单位监督下现场取样</u>。 (2)完成检测业务后，应当及时出具检测报告。检测报告经<u>检测人员签字</u>、<u>检测机构法定代表人或者其授权的签字人签署</u>，并加盖检测机构公章或者检测专用章后方可生效。检测报告经建设单位或者工程监理单位确认后，由施工单位归档。 (3)应当对其检测数据和检测报告的真实性和准确性负责。 (4)应当将检测过程中发现的建设单位、监理单位、施工单位违反有关法律、法规和工程建设强制性标准的情况，以及涉及结构安全检测结果的不合格情况，及时报告工程所在地建设主管部门。 (5)应当建立档案管理制度

第二章 ISO 质量管理体系及卓越绩效模式

第一节 ISO 质量管理体系构成和质量管理原则

核心考点 1 ISO 质量管理体系的质量管理原则（必考指数★★）

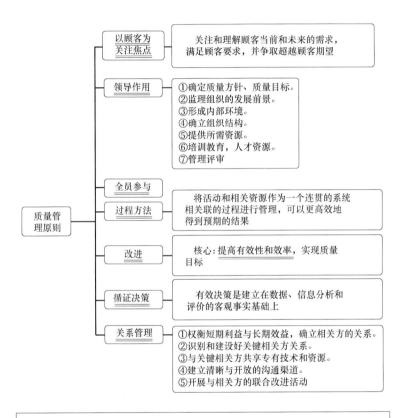

助记：

四个对象——以顾客为关注焦点、领导作用、全员参与、关系管理

一个方法——过程方法

一个改进——改进

一个决策——循证决策

核心考点2 ISO质量管理体系的特征（必考指数★）

第二节 工程监理单位质量管理体系的建立与实施

核心考点1 监理企业质量管理体系的建立（必考指数★★）

项目		内容
质量管理体系总体设计		主要工作包括：确定质量方针和质量目标（<u>质量方针是由组织的最高管理者</u>正式发布的该组织总的质量宗旨和方向，质量目标是指组织在质量方面所追求的目的，<u>质量目标应以质量方针为框架具体展开</u>）；过程适用性评价和体系覆盖范围确定；组织结构调整方案
质量管理体系文件的编制	质量手册	<u>质量手册是监理单位内部质量管理的纲领性文件和行动准则，应阐明监理单位的质量方针和质量目标</u>，并描述其质量管理体系的文件，它对质量管理体系作出了系统、具体而又具有纲领性的阐述
	程序文件	质量手册的支持性文件，是实施质量管理体系要素的描述。监理单位在编写程序文件的过程中，应同时编制质量管理体系贯彻实施所需的各种质量记录表格。包括：一类是<u>与质量管理体系有关的记录</u>，如合同评审记录、内部审核记录、管理评审记录、培训记录、文件控制记录等；另一类是<u>与监理服务"产品"有关的质量记录</u>，如监理旁站记录、材料设备验收记录、纠正预防措施记录、不合格品处理记录等
	作业文件	程序文件的支持性文件，是对具体的作业活动给出的指示性文件

核心考点 2 监理企业质量管理体系的实施（必考指数★）

项目		内容
	质量管理体系文件宣贯	质量管理体系运行中相关各岗位均应通过适当的教育、培训，并掌握相关的技能和具有一定的经验，从而保证其胜任本职工作
运行与改进	运行、建立记录 — 工作要点	(1)文件的标识与控制。 (2)产品质量的追踪检查。包括：①建立两级质量管理体系，严格控制服务产品质量。②坚持定期召开监理例会。 (3)物资管理
	运行、建立记录 — 有效运行要求	有效运行可以概括为全面贯彻、行为到位、适时管理、适中控制、有效识别、不断完善。 质量管理体系要素管理到位的前提和保证是管理体系的识别能力，鉴别能力和解决能力。过程方法是控制论在质量管理体系中的运用
	纠正措施	针对监理服务质量和过程控制中的问题及内部质量审核中发现的不符合项及风险问题，开展纠正、预防措施活动，将所发现的问题加以解决
	内部审核	监理单位内部的质量保证活动。目的有： (1)确定受审核方质量管理体系或其一部分与审核准则的符合程度； (2)验证质量管理体系是否持续满足规定目标的要求且保持有效运行； (3)评价对国家有关法律法规及行业标准要求的符合性； (4)作为一种重要的管理手段和自我改进机制，及时发现问题，采取纠正措施或预防措施，使体系不断改进； (5)在外部审核前做好准备

项目		内容
运行与改进	管理评审	监理单位最高管理者关于质量管理体系现状及其对质量方针和目标的适宜性、充分性和有效性所做的正式评价。目的有： （1）对现行的质量管理体系能否适应质量方针和质量目标作出正式的评价； （2）质量管理体系与组织的环境变化的适宜性做出评价； （3）调整质量管理体系结构，修改质量管理体系文件，使质量管理体系更加完整有效
	认证	体系认证必须经过体系认证机构的确认，并颁发体系认证证书或办理管理体系注册。认证与认可的区别如下： （1）认证是由第三方进行，认可是由授权的机构进行； （2）认证是书面保证，认可是正式承认； （3）认证是证明认证对象与认证所依据的标准符合性，认可是证明认可对象具备从事特定任务的能力

核心考点 3　项目监理机构的工作制度（必考指数★★）

工程监理机构的工作制度
- 施工图纸会审及设计交底制度
- 施工组织设计/施工方案审核、审批制度
- 工程开工、复工审批制度
- 工程材料检验制度
- 工程质量检验制度
- 工程变更处理制度
- 工程质量验收制度
- 监理例会制度
- 监理工作日志制度

核心考点 4　监理工作中的主要手段（必考指数★）

四项主要手段
- 监理指令
- 旁站
- 巡视
- 平行检验与见证取样

第三节　卓越绩效模式

核心考点1　卓越绩效模式的基本特征（必考指数★）

5个基本特征
- 强调大质量观
- 强调以顾客为中心和重视组织文化
- 强调系统思考和系统整合
- 强调可持续发展和社会责任
- 强调质量对组织绩效的增值和贡献

核心考点2　卓越绩效模式的核心价值观（必考指数★）

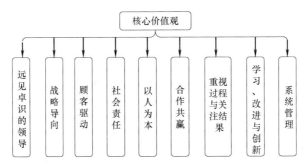

核心考点3　《卓越绩效评价准则》的结构模式和评价内容（必考指数★）

项目	内容
结构模式	（1）卓越绩效模式旨在通过卓越的过程获得卓越的结果，即：针对评价准则的要求，确定、展开组织的方法，并定期评价、改进、创新和分享，使之达到一致、整合，从而不断提升组织的整体结果，赶超竞争对手和标杆，获得卓越的绩效。实现组织的持续发展和成功。 （2）"领导作用"掌握着组织的发展方向，并密切关注着"结果"，为组织寻找发展机会。 （3）"领导作用""战略"与"以顾客和市场为中心"构成了"领导作用"三角。强调高层领导在组织所处的特定环境中，通过制定以顾客和市场为中心的战略，为组

项目	内容
结构模式	织谋划长远未来,关注的是组织如何做正确的事,是驱动力;"资源""过程管理"与"结果"构成了"过程结果"三角,强调如何充分调动组织中人的积极性和能动性,通过组织中的人在各个业务流程中发挥作用和过程管理的规范,高效地实现组织所追求的经营结果,关注的是组织如何正确地做事,解决的是效率和效果业绩的问题,是从动的。而"测量、分析与改进"是连接两个三角的"链条"、转动着 PDCA 循环
评价内容	《卓越绩效评价准则》GB/T 19580—2012 从领导作用,战略,以顾客和市场为中心,资源,过程管理,测量、分析与改进以及结果七个方面对评价的要求做出了规定

核心考点 4 《卓越绩效评价准则》与 ISO 9000 的比较 (必考指数★)

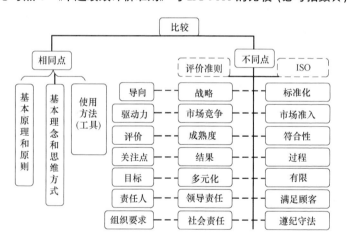

第三章　建设工程质量的统计分析和试验检测方法

第一节　工程质量统计分析

核心考点 1　质量数据的特征值（必考指数★★）

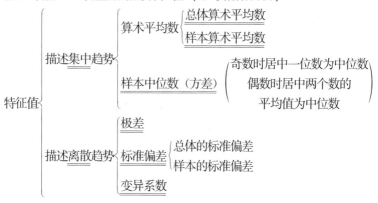

核心考点 2　质量数据的分布特征（必考指数★）

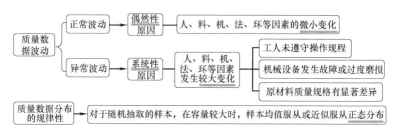

核心考点 3　抽样检验方法（必考指数★）

方法	内容
简单随机抽样	简单随机抽样又称纯随机抽样、完全随机抽样，是指排除人的主观因素，直接从包含 N 个抽样单元的总体中按不放回抽样抽取 n 个单元，使包含 n 个个体的所有可能的组合被抽出的概率都相等的一种抽样方法
系统随机抽样	系统随机抽样又称机械随机抽样，是将总体中的抽样单元按某种次序排列，在规定的范围内随机抽取一个或一组初始单元，然后按一套规则确定其他样本单元的抽样方法。如第一个样本随机抽取，然后每隔一定时间或空间抽取一个样本

方法	内容
分层随机抽样	分层随机抽样是将总体分割成互不重叠的子总体（层），在每层中独立地按给定的样本量进行简单随机抽样
多阶段抽样	多阶段抽样又称多级抽样。上述抽样方法的共同特点是整个过程中只有一次随机抽样，因而统称为单阶段抽样。但是当总体很大时，很难一次抽样完成预定的目标。多阶段抽样是将各种单阶段抽样方法结合使用，通过多次随机抽样来实现的抽样方法

核心考点4　抽样检验的分类及抽样方案（必考指数★★）

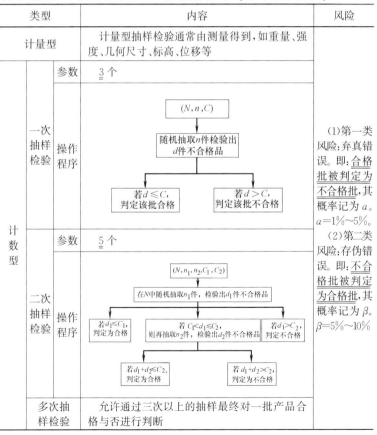

类型			内容	风险
计量型			计量型抽样检验通常由测得到,如重量、强度、几何尺寸、标高、位移等	
计数型	一次抽样检验	参数	3个	(1)第一类风险:弃真错误。即:合格批被判定为不合格批,其概率记为a。$a=1\%{\sim}5\%$。 (2)第二类风险:存伪错误。即:不合格批被判定为合格批,其概率记为β。$\beta=5\%{\sim}10\%$
		操作程序	(N,n,C) 随机抽取n件检验出d件不合格品 若$d{\leqslant}C$,判定该批合格　若$d{>}C$,判定该批不合格	
	二次抽样检验	参数	5个	
		操作程序	(N,n_1,n_2,C_1,C_2) 在N中随机抽取n_1件, 检验出d_1件不合格品 若$d_1{\leqslant}C_1$,判定为合格　若$C_1{<}d_1{\leqslant}C_2$,则再抽取n_2件,检验出d_2件不合格品　若$d_1{>}C_2$,判定不合格 若$d_1{+}d_2{\leqslant}C_2$,判定为合格　若$d_1{+}d_2{>}C_2$,判定为不合格	
	多次抽样检验		允许通过三次以上的抽样最终对一批产品合格与否进行判断	

核心考点 5   工程质量统计分析方法的用途（必考指数★★★）

统计方法	用途
调查表法	对质量数据进行收集、整理和粗略分析质量状态
分层法	调查收集的原始数据，按某一性质进行分组、整理
排列图法	寻找影响质量主次因素。通常按累计频率划分为三部分：A类(0~80%)：主要因素；B类(80%~90%)：次要因素；C类(90%~100%)：一般因素。其主要应用有： (1)按不合格点的内容分类，可以分析出造成质量问题的薄弱环节。 (2)按生产作业分类，可以找出生产不合格品最多的关键过程。 (3)按生产班组或单位分类，可以分析比较各单位技术水平和质量管理水平。 (4)将采取提高质量措施前后的排列图对比，可以分析措施是否有效。 (5)此外还可以用于成本费用分析、安全问题分析等
因果分析图法	分析某个质量问题(结果)与其产生原因之间关系
直方图法	(1)了解产品质量的波动情况。 (2)掌握质量特性的分布规律。 (3)对质量状况进行分析判断。 (4)估算施工生产过程总体的不合格品率，评价过程能力
控制图法	(1)过程分析，即分析生产过程是否稳定。 (2)过程控制，即控制生产过程质量状态。 控制图就是典型的动态分析法
相关图法	显示两种质量数据之间关系

总结：

常考的用途及相互间容易混淆的统计方法主要有：排列图、因果分析图、直方图和控制图。

(1) 确定选项中因果分析图的用途：用途比较单一，原因之间关系。

(2) 控制图是动态分析的过程，因此涉及"动态追踪"和"生产过程"的多是控制图法。

（3）直方图的目的是判断质量分布状态和判断实际过程生产能力，应特别注意"评价过程能力"是直方图的用途，而非控制图的作用。

（4）排列图寻找影响质量主次因素，主要用途是分析造成质量问题的薄弱环节，体现哪个环节不合格品最多，因此可以比较各单位的技术水平和质量管理水平。

助记：

分析原因论因果，鱼刺指出众因素。

分清主次靠排列；先排序来再累加，累计八成为主因，八九之间为次因，最后一成为一般。

分布状态看直方，类正太分布为正常。

过程稳定是控制，典型动态为控制。

核心考点6　直方图的观察与分析（必考指数★）

图形		观察与分析
折齿型	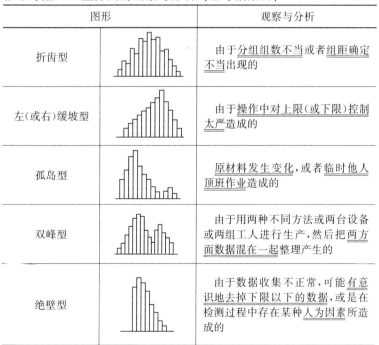	由于<u>分组组数不当</u>或者<u>组距确定不当</u>出现的
左(或右)缓坡型		由于<u>操作中对上限(或下限)控制太严</u>造成的
孤岛型		<u>原材料发生变化</u>，或者临时他人顶班作业造成的
双峰型		由于用两种不同方法或两台设备或两组工人进行生产，然后把<u>两方面数据混在一起</u>整理产生的
绝壁型		由于数据收集不正常，可能<u>有意识地去掉下限以下的数据</u>，或是在检测过程中存在某种<u>人为因素</u>所造成的

图形	观察与分析
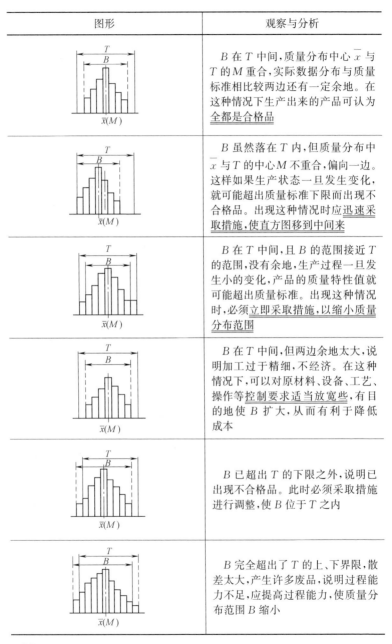	B 在 T 中间,质量分布中心 $\bar{x}$ 与 T 的 M 重合,实际数据分布与质量标准相比较两边还有一定余地。在这种情况下生产出来的产品可认为<u>全都是合格品</u>
	B 虽然落在 T 内,但质量分布中 $\bar{x}$ 与 T 的中心 M 不重合,偏向一边。这样如果生产状态一旦发生变化,就可能超出质量标准下限而出现不合格品。出现这种情况时应<u>迅速采取措施</u>,使直方图移到中间来
	B 在 T 中间,且 B 的范围接近 T 的范围,没有余地,生产过程一旦发生小的变化,产品的质量特性值就可能超出质量标准。出现这种情况时,必须<u>立即采取措施,以缩小质量分布范围</u>
	B 在 T 中间,但两边余地太大,说明加工过于精细,不经济。在这种情况下,可以对原材料、设备、工艺、操作等<u>控制要求适当放宽些</u>,有目的地使 B 扩大,从而有利于降低成本
	B 已超出 T 的下限之外,说明已出现不合格品。此时必须采取措施进行调整,使 B 位于 T 之内
	B 完全超出了 T 的上、下界限,散差太大,产生许多废品,说明过程能力不足,应提高过程能力,使质量分布范围 B 缩小

82

核心考点 7 控制图的观察与分析（必考指数★）

条件	要求
质量点几乎全部落在控制界线内	(1)连续 25 点以上处于控制界限内。 (2)连续 35 点中仅有 1 点超出控制界限。 (3)连续 100 点中不多于 2 点超出控制界限
控制界限内质量点排列没有缺陷	质量点排列没有缺陷,质量点的排列是随机的,而没有出现异常现象。这里的异常现象是指质量点排列出现了"链""多次同侧""趋势或倾向""周期性变动""接近控制界限"等情况。对于这种情况应这样理解: (1)链。出现五点链,应注意生产过程发展状况。出现六点链,应开始调查原因。出现七点链,应判定工序异常,需采取处理措施。 (2)多次同侧。下列情况说明生产过程已出现异常:在连续 11 点中有 10 点在同侧。在连续 14 点中有 12 点在同侧。在连续 17 点中有 14 点在同侧。在连续 20 点中有 16 点在同侧。 (3)趋势或倾向。连续 7 点或 7 点以上上升或下降排列,就应判定生产过程有异常因素影响,要立即采取措施。 (4)显示周期性变化的现象。即使所有质量点都在控制界限内,也应认为生产过程为异常。 (5)质量点排列接近控制界限。下列情况判定为异常:连续 3 点至少有 2 点接近控制界限;连续 7 点至少有 3 点接近控制界限;连续 10 点至少有 4 点接近控制界限

核心考点 8 相关图的观察与分析（必考指数★）

相关图的形状	分析
正相关	散布点基本形成由左至右向上变化的一条直线带
弱正相关	散布点形成向上较分散的直线带
不相关	散布点形成一团或平行于 x 轴的直线带
负相关	散布点形成由左向右向下的一条直线带
弱负相关	散布点形成由左至右向下分布的较分散的直线带
非线性相关	散布点呈一曲线带

第二节　工程质量主要试验检测方法

核心考点1　钢筋、钢丝及钢绞线性能试验（必考指数★★）

1.检验与试验内容

钢筋、钢丝及钢绞线
- 检验内容
  - 产品出厂合格证
  - 出厂检验报告
  - 进厂复验报告
- 主要力学
  - 拉力试验
    - 屈服强度
    - 抗拉强度
    - 伸长率
  - 弯曲性能
    - 冷弯试验
    - 反复弯曲试验
  - 化学分析（必要时）

2.钢筋进场检验项目

复验项目	检验要求	检查数量	检查方法
物理及力学性能	应按国家现行标准的规定抽取试件作屈服强度、抗拉强度、伸长率、弯曲性能和重量偏差检验,检验结果应符合相应标准的规定	按进场批次和产品的抽样检验方案确定	检查质量证明文件和抽样检验报告
抗震钢筋伸长率	(1)抗拉强度实测值与屈服强度实测值的比值不应小于1.25。 (2)屈服强度实测值与屈服强度标准值的比值不应大于1.30。 (3)最大力下总伸长率不应小于9%	按进场的批次和产品的抽样检验方案确定	检查抽样检验报告
钢筋表面检查	钢筋应平直、无损伤,表面不得有裂纹、油污、颗粒状或片状老锈	全数检查	表面探测与观察
质量与尺寸偏差	成型钢筋的外观质量和尺寸偏差应符合现行相关标准的规定	同一厂家、同一类型的成型钢筋,不超过30t为一批,每批随机抽取3个成型钢筋	观察,尺量

注:对由热轧钢筋制成的成型钢筋,其检查数量:同一厂家、同一类型、同一钢筋来源的成型钢筋,不超过30t为一批,每批中每种钢筋牌号、规格均应至少抽取1个钢筋试件、总数不应少于3个。

核心考点 2　混凝土材料性能试验（必考指数★★）

1. 普通混凝土拌合物性能试验

项目	内容
普通混凝土拌合物性能试验	普通混凝土拌合物性能试验主要包括：混凝土拌合物稠度和填充性的检验与评定、间隙通过性试验、凝结时间试验、均匀性试验、压力泌水试验、表现密度试验、含气量试验、抗离析性能试验、温度试验、绝热温升试验等。 　<u>混凝土拌合物稠度是表征混凝土拌合物流动性的指</u>标，可用<u>坍落度、维勃稠度或扩展度</u>表示
普通混凝土力学性能试验	普通混凝土的主要物理力学性能包括<u>抗压强度、劈裂抗拉强度、抗折强度、疲劳强度、静力受压弹性模量、收缩、徐变</u>

2. 普通混凝土立方体抗压强度试验

项目	内容
试件的养护与制作	采用 150mm×150mm×150mm 的标准试件，也可采用边长为 100mm 或 200mm 的非标准试件，随机取样。三个试件为一组。成型后覆盖表面，在温度为 <u>20±5℃</u> 的情况下，静置 1~2 昼夜。编号拆模后立即放入标准养护室中养护
试验计算结果	立方体抗压强度应按下式计算： $$f_{cu} = P/A$$ 　式中　f_{cu}——混凝土立方体试件抗压强度（MPa）； 　　　　P——试件破坏荷载（N）； 　　　　A——试件承压面积（mm^2）。 　强度值的确定应符合下列规定： 　三个试件测量值的算术平均值作为该组试件的强度值（精确至 0.1MPa）；三个测量值中的<u>最大值最小值中</u>如有一个与中间值的差值超过中间的 15% 时，则把<u>最大及最小值一并去除，取中间值作为该组试件的抗压强度值</u>；如<u>最大值和最小值的差均超过中间值的 15%</u>，则该组试件的试验结果无效

项目	内容
试验计算结果	混凝土强度等级≤C60时,用非标准试件测得的强度值均应乘以尺寸换算系数,其值对200mm×200mm×200mm的试件为1.05,对100mm×100mm×100mm的试件为0.95。当混凝土强度等级≥C60时,宜采用标准试件;如使用非标准试件时,尺寸换算系数应由试验确定

核心考点3 砌筑砂浆材料性能检验 (必考指数★)

项目	内容
检验项目	需对砌筑砂浆的原材料质量、配合比、稠度、和易性、力学性能、施工工艺等项目进行检验
砂浆力学强度检验试验方法与要求	砌筑砂浆强度试验采用立方体抗压强度试验方法。且砌筑砂浆试块强度验收的合格标准应符合下列规定: (1)同一验收批砂浆试块强度平均值应大于或等于设计强度等级值的1.10倍; (2)同一验收批砂浆试块抗压强度的最小一组平均值应大于或等于设计强度等级值的85%。 抽检数量:每一检验批且不超过250m³砌体的各类、各强度等级的普通砌筑砂浆,每台搅拌机应至少抽检一次。验收批的预拌砂浆、蒸压加气混凝土砌块专用砂浆,抽检可为3组。 检验方法:在砂浆搅拌机出料口或在湿拌砂浆的储存容器出料口随机取样制作砂浆试块(现场拌制的砂浆,同盘砂浆只作1组试块),试块标准养护28d后进行强度试验。预拌砂浆中的湿拌砂浆稠度应在进场时取样检验

核心考点4 地基基础工程试验 (必考指数★)

1. 地基土承载力试验

项目	内容
确定方法	地基土的承载力试验采用承压板现场试验确定

项目	内容
试验方法	试验方法按照现行国家标准《建筑地基基础设计规范》GB 50007 要求进行，要点如下： (1)试验基坑宽度不应小于承压板宽度或直径的 3 倍。 (2)加荷分级不应少于 8 级。最大加载量不应小于设计要求的 2 倍。 (3)当出现下列情况之一时，即可终止加载： ①承压板周围的土明显地侧向挤出； ②沉降 S 急骤增大，荷载-沉降(P-S)曲线出现陡降段； ③在某一荷载下，24h 内沉降速率不能达到稳定； ④沉降量与承压板宽度或直径之比大于或等于 0.06。 当满足上述前三种情况之一时，其对应的前一级荷载定为极限荷载。 (4)同一土层参加统计的试验点不应少于 3 点，当试验实测值的极差不超过其平均值的 30% 时，取此平均值作为地基承载力特征值

2. 桩基承载力试验

试验项目		试验方法
单桩静承载力试验	单桩垂直静承载力试验	试验数量：在同一条件下，试桩数不宜少于总桩数的 1%，并不应少于 3 根，工程总桩数 50 根以下不少于 2 根。 试验步骤：结合实际条件和试验内容，选定试验设备；规定承载力试验条件，一般应通过试桩进行验证后再修订试验条件；加载与卸载；资料整理：试验原始记录表、试验概况、绘制荷载变形曲线等；检测数据分析与应用
	单桩抗拔承载力试验	
	单桩水平静承载力试验	
单桩动测试验	高应变动测法	试验数量：在地质条件相近、桩型和施工条件相同时，不宜少于总桩数 5%，且不应少于 5 根。 试验步骤：处理桩顶强度较低混凝土，接桩于地坪以上 1.5～2 倍桩处，所有主筋均接至桩顶保护层以下并加强保护，锤与桩顶设置有效垫层。桩身两侧安装传感器，准备就绪后，进行锤击，实时记录试验数据

试验项目		试验方法
单桩动测试验	低应变动测法	试验数量:采用随机采样的方式抽检。抽检比例按照现行国家标准规定。 检测方法:主要采用弹性波反射法,对各类混凝土桩进行质量普查。检查桩身是否有断桩、夹泥、离析、缩颈等缺陷的存在,确定缺陷位置,对桩身完整性做分类判别

核心考点5　混凝土结构实体检测（必考指数★）

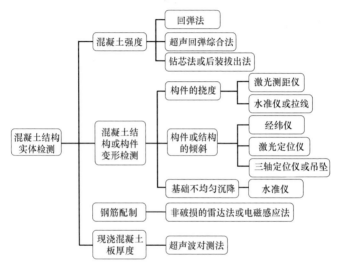

核心考点6　钢结构实体检测（必考指数★）

项目		内容
焊缝质量检测	无损检测	(1)一级焊缝应100%检验,其合格等级不应低于现行国家标准《焊缝无损检测 超声检测 技术、检测等级和评定》GB/T 11345 B级检验的Ⅱ级要求。 (2)二级焊缝应进行抽验,抽验比例不小于20%,其合格等级不应低于现行国家标准《焊缝无损检测 超声检测 技术、检测等级和评定》GB/T 11345 和行业标准的相关规定。 (3)三级焊缝应根据设计要求进行相关的检测,一般情况下可不进行无损检测

项目		内容
焊缝质量检测	表面检测	设计文件要求进行表面检测;外观检测发现裂纹时,应对该批中同类焊缝进行100%的表面检测;外观检测怀疑有裂纹缺陷时,应对怀疑的部位进行表面检测;检测人员认为有必要检测的。 铁磁性材料应采用磁粉检测表面缺欠。不能使用磁粉检测时,应采用渗透检测
	变形检测	钢结构变形检测可分为结构整体垂直度、整体平面弯曲以及构件垂直度、弯曲变形、跨中挠度等项目,可采用水准仪、经纬仪、激光垂准仪或全站仪等仪器进行测量

核心考点7　砌体结构实体检测（必考指数★）

项目		方法
强度检测	砌筑块材	取样法、回弹法、取样结合回弹的方法和钻芯的方法等
	砌筑砂浆	推出法、筒压法、砂浆片剪切法、点荷法和回弹法等
	砌体	原位轴压法、扁顶法、切制抗压试件法和原位单剪法
变形检测		砌体结构的变形可分为倾斜和基础不均匀沉降。砌筑构件或砌体结构的倾斜可采用经纬仪、激光定位仪、三轴定位仪或吊坠的方法检测,宜区分倾斜中砌筑偏差造成的倾斜、变形造成的倾斜、灾害造成的倾斜等。基础的不均匀沉降可用水准检测,当需要确定基础沉降的发展情况时,应在砌体结构上布置测点进行观测

第四章 建设工程勘察设计
阶段质量管理

第一节 工程勘察阶段质量管理

核心考点1 工程勘察各阶段工作要求（必考指数★）

阶段	工作要求
可行性研究勘察	又称选址勘察，其目的是要通过搜集、分析已有资料，进行现场踏勘；必要时，进行工程地质测绘和少量勘探工作，对拟选场址的稳定性和适宜性做出岩土工程评价、进行技术经济论证和方案比较，以满足确定场地方案的要求，从而从总体上判定拟建场地的工程地质条件是否能适宜工程建设项目
初步勘察	在可行性研究勘察的基础上，对场地内建筑地段的稳定性做出岩土工程评价，并为确定建筑总平面布置、主要建筑物地基基础方案及对不良地质现象的防治工作方案进行论证，满足初步设计或扩大初步设计的要求
详细勘察	提出设计所需的工程地质条件的各项技术参数，对基础设计、地基基础处理与加固、不良地质现象的防治工程等具体方案做出岩土工程计算与评价，以满足施工图设计的要求

核心考点2 工程勘察企业应履行的质量工作（必考指数★）

（1）健全勘察质量管理体系和质量责任制度。

（2）有权拒绝用户提出的违反国家有关规定的不合理要求，有权提出保证工程勘察质量所必需的现场工作条件和合理工期。

（3）参与施工验槽，及时解决工程设计和施工中与勘察工作有关的问题。

（4）参与建设工程质量事故的分析，并对因勘察原因造成的质量事故，提出相应的技术处理方案。

（5）项目负责人、审核人、审定人及有关技术人员应当具有相应的技术职称或者注册资格。

项目负责人应当组织有关人员做好现场踏勘、调查，按照要求编写《勘察纲要》，并对勘察过程中各项作业资料验收和签字。

（6）企业的法定代表人、项目负责人、审核人、审定人等相关人员，应当在勘察文件上签字或者盖章，并对勘察质量负责。

（7）工程勘察工作的原始记录应当在勘察过程中及时整理、核对，确保取样、记录的真实和准确，严禁离开现场追记或者补记

核心考点3　工程勘察质量管理主要工作（必考指数★）

工程勘察质量管理
主要工作

(1)协助建设单位编制工程勘察任务书和选择工程勘察单位，并协助签订工程勘察合同。
(2)审查勘察单位提交的勘察方案，提出审查意见，并报建设单位。变更勘察方案时，应按原程序重新审查。
(3)检查勘察现场及室内试验主要岗位操作人员的资格、及所使用设备、仪器计量的检定情况。
(4)督促勘察单位完成勘察合同约定的工作内容，审核勘察单位提交的勘察费用支付申请表，并及时报建设单位。
(5)检查勘察单位执行勘察方案的情况，对重要点位的勘察与测试应进行现场检查。
(6)审查勘察单位提交的勘察成果报告，必要时对各阶段的勘察成果报告组织专家论证或专家审查，并向建设单位提交勘察成果评估报告，同时应参与勘察成果验收。
(7)做好后期服务质量保证，督促勘察单位做好施工阶段的勘察配合及验收工作，对施工过程中出现的地址问题进行跟踪。
(8)检查勘察单位技术档案管理情况，要求将全部资料特别是质量审查，监督主要依据的原始资料，分类编目，归档保存

┌─内容─┐
①勘察工作概况。
②勘察报告编制深度，与勘察标准的符合情况。
③勘察任务书的完成情况。
④存在问题及建议。
⑤评估结论

核心考点4　工程勘察成果审查要点（必考指数★）

项目	内容
程序性审查	（1）工程勘察资料、图表、报告等文件要依据工程类别按有关规定执行各级审核、审批程序，并由负责人签字。 （2）工程勘察成果应齐全、可靠，满足国家有关法律法规及技术标准和合同规定的要求。 （3）工程勘察成果必须严格按照质量管理有关程序进行检查和验收，质量合格方能提供使用
技术性审查	（1）是否提出勘察场地的工程地质条件和存在的地质问题。 （2）是否结合工程设计、施工条件，以及地基处理、开挖、支护、降水等工程的具体要求，进行技术论证和评价，提出岩土工程问题及解决问题的决策性具体建议。 （3）是否提出基础、边坡等工程的设计准则和岩土工程施工的指导性意见，为设计、施工提供依据，服务于工程建设全过程。 （4）是否满足勘察任务书和相应设计阶段的要求，即针对不同勘察阶段，对工程勘察报告的深度和内容进行检查

第二节 初步设计阶段质量管理

核心考点 1 建设项目设计阶段分类（必考指数★）

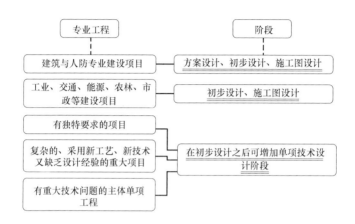

核心考点 2 初步设计和技术设计文件的深度要求（必考指数★）

项目	深度要求
初步设计	（1）通过多方案比较：在充分论证经济效益、社会效益、环境效益的基础上，择优推荐设计方案。 （2）项目单项工程齐全，有详尽的主要工程量清单，工程量误差应在允许范围以内。 （3）主要设备和材料明细表，要满足订货要求。 （4）项目总概算应控制在可行性研究报告估算投资额的±10%内。 （5）满足施工图设计的要求。 （6）满足土地征用、工程总承包招标、建设准备和生产准备等工作的要求。 （7）满足经核准的可行性研究报告所确定的主要设计原则和方案
技术设计	设计深度和范围，基本上与初步设计一致。技术设计是初步设计的补充和深化，一般不再进行报批，由建设单位直接组织审查、审批

核心考点 3　初步设计质量管理（必考指数★★）

项目			内容
设计单位选择			设计单位可以通过招标投标、设计方案竞赛、建设单位直接委托等方式选择和委托
起草设计任务书			设计任务书是设计依据之一，是建设单位意图的体现
起草设计合同			设计合同应重点注意写明设计进度要求、主要设计人员、优化设计要求、限额设计要求、施工现场配合以及专业深化图配合等内容
质量管理的组织			(1)协助建设单位组织对新材料、新工艺、新技术、新设备工程应用的专项技术论证与调研。 (2)协助建设单位组织专家对设计成果进行评审。 (3)协助建设单位向政府有关部门报审有关工程设计文件，并应根据审批意见督促设计单位完善设计成果
设计成果审查	设计方案评审	总体方案评审	审核设计依据、设计规模、产品方案、工艺流程、项目组成及布局、设备配套、占地面积、建筑面积、建筑造型、协作条件、环保设施、防震防灾、建设期限、投资概算等的可靠性、合理性、经济性、先进性和协调性
		专业设计方案评审	审核专业设计方案的设计参数、设计标准、设备选型和结构造型、功能和使用价值等
		设计方案审核	结合投资概算资料进行技术经济比较和多方案论证，确保工程质量、投资和进度目标的实现
	初步设计评审		审核设计项目的完整性，项目是否齐全、有无遗漏项；设计基础资料可靠性，以及设计标准、装备标准是否符合预定要求。 重点审查总平面布置、工艺流程、施工进度能否实现；总平面布置是否充分考虑方向、风向、采光、通风等要素；设计方案是否全面，经济评价是否合理

项目		内容
设计成果审查	评估报告	(1)设计工作概况。 (2)设计深度、与设计标准的符合情况。 (3)设计任务书的完成情况。 (4)有关部门审查意见的落实情况。 (5)存在的问题及建议

第三节 施工图设计阶段质量管理

核心考点 施工图设计质量管理（必考指数★）

项目		内容
施工图设计的协调管理		(1)协助建设单位审查设计单位提出的新材料、新工艺、新技术、新设备(简称"四新")在相关部门的备案情况。 (2)协助建设单位建立设计过程的联席会议制度，组织设计单位各专业主要设计人员定期或不定期开展设计讨论。共同研究和探讨设计过程中出现的矛盾，集思广益，根据项目的具体特性和处于主导地位的专业要求进行综合分析，提出解决的方法。 (3)协助建设单位开展深化设计管理。目前多数委托具有专业设计资质的设计单位进行二次深化设计。对于二次深化设计，应组织深化设计单位与原设计单位充分协商沟通，出具深化设计图纸，由原设计单位审核会签，以确认深化设计符合总体设计要求，并对相关的配套专业设计能否满足深化图纸的要求予以确认
施工图设计评审	总体审核	首先审核施工图纸的完整性及各级的签字盖章。 其次要重点审核工艺和总图布置的合理性，项目是否齐全，有无遗漏项，总图在平面和空间布置上是否有交叉和矛盾；工艺流程及装置、设备是否满足标准、规程、规范等要求
	设计总说明审查	审查所采用设计依据、参数、标准是否满足质量要求，各项工程做法是否合理，选用设备、材料等是否先进、合理，采用的技术标准是否满足工程需要

项目		内容
施工图设计评审	施工设计图审查	审查施工图是否符合现行标准、规程、规范、规定的要求;设计图纸是否符合现场和施工的实际条件,深度是否达到施工和安装的要求,是否达到工程质量的标准;选型、选材、造型、尺寸、节点等设计图纸是否满足质量要求
	审查施工图预算和总投资预算	审查预算编制是否符合预算编制要求,工程量计算是否正确,定额标准是否合理,各项收费是否符合规定,总投资预算是否在总概算控制范围内
	审查其他要求	审核是否符合勘察提供的建设条件,是否满足环境保护措施,是否满足施工安全、卫生、劳动保护的要求
施工图审查		审查机构应当对施工图审查下列内容: (1)是否符合工程建设强制性标准; (2)地基基础和主体结构的安全性; (3)消防安全性; (4)人防工程(不含人防指挥工程)防护安全性; (5)是否符合民用建筑节能强制性标准,对执行绿色建筑标准的项目,还应审查是否符合绿色建筑标准; (6)勘察设计企业和注册执业人员以及相关人员是否按规定在施工图上加盖相应的图章和签字; (7)法律、法规、规章规定必须审查的其他内容

重点提示:

施工图设计评审的重点是:使用功能是否满足质量目标和标准,设计文件是否齐全、完整,设计深度是否符合规定。

第五章　建设工程施工质量控制和安全生产管理

第一节　施工质量控制的依据和工作程序

核心考点 1　施工质量控制的依据（必考指数★★）

四大类
- 工程合同文件
- 工程勘察设计文件
- 质量管理方面的法律法规、部门规章与规范性文件
- 工程建设标准
  - 工程项目施工质量验收标准
  - 有关工程材料、半成品和构配件质量控制方面的专门技术法规性依据
  - 控制施工作业活动质量的技术规程

核心考点 2　施工质量控制的工作程序（必考指数★）

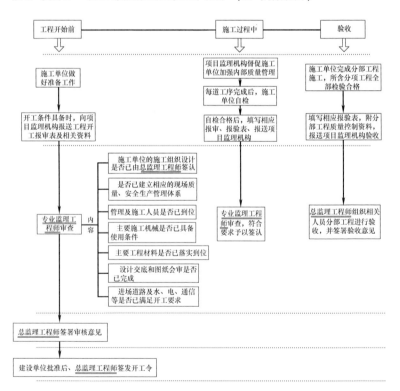

助记：

专业监理工程师对开工报审表及相关资料审查的重点：设计图纸组织人材机三通一平二体系。

第二节　施工准备阶段的质量控制

核心考点 1　图纸会审与设计交底（必考指数★★）

项目		内容
图纸会审	主持召开单位	<u>建设单位</u>及时主持召开,组织项目监理机构、施工单位等相关人员进行图纸会审
	会审纪要整理	<u>施工单位</u>整理会议纪要,与会各方会签
	目的	(1)通过熟悉工程设计文件,了解设计意图和工程设计特点、工程关键部位的质量要求。 (2)发现图纸差错,将图纸中的质量隐患消灭在萌芽之中
设计交底		<u>建设单位</u>应在收到施工图设计文件后 3 个月内组织并主持召开工程施工图设计交底会。 施工图设计交底有利于进一步贯彻设计意图和修改图纸中的错、漏、碰、缺;帮助施工单位和监理单位加深对施工图设计文件的理解,掌握关键工程部位的质量要求,确保工程质量

核心考点 2　施工组织设计的审查（必考指数★★★）

项目	内容
审查的基本内容	(1)编审程序应符合相关规定。 (2)施工组织设计的基本内容是否完整,应包括编制依据、工程概况、施工部署、施工进度计划、施工准备与资源配置计划、主要施工方法、施工现场平面布置及主要施工管理计划等。 (3)工程进度、质量、安全、环境保护、造价等方面应符合施工合同要求。 (4)资金、劳动力、材料、设备等资源供应计划应满足工程施工需要,施工方法及技术措施应可行与可靠。 (5)施工总平面布置应科学合理
审查程序要求	施工单位编制施工组织设计→<u>施工单位技术负责人</u>审核签认→与施工组织设计报审表一并报送项目监理机构→<u>总监理工程师</u>及时组织专业监理工程师审查→签认的施工组织设计由项目监理机构报送<u>建设单位</u>

99

核心考点 3　施工方案的审查（必考指数★）

项目	内容
程序性审查	应重点审查施工方案的编制人、审批人是否符合有关权限规定的要求。根据相关规定,通常情况下,施工方案应由<u>项目技术负责人</u>组织编制,并经<u>施工单位技术负责人</u>审批签字后提交项目监理机构。项目监理机构在审批施工方案时,应检查施工单位的内部审批程序是否完善、签章是否齐全,重点核对审批人是否为施工单位技术负责人
内容性审查	审查施工方案的基本内容是否完整。应重点审查施工方案是否具有针对性、指导性、可操作性;现场施工管理机构是否建立了完善的质量保证体系,是否明确工程质量要求及标准,是否健全了质量保证体系组织机构及岗位职责、是否配备了相应的质量管理人员;是否建立了各项质量管理制度和质量管理程序等;施工质量保证措施是否符合现行的规范、标准等,特别是与工程建设强制性标准的符合性

核心考点 4　现场施工准备的质量控制（必考指数★★★）

报审、报验表	审查并提出意见	审批、签认或签署意见	相关规定
分包单位资格报审表	专业监理工程师	总监理工程师	资格审核内容包括: (1)营业执照、企业资质证书。 (2)安全生产许可文件。 (3)类似工程业绩。 (4)专职管理人员和特种作业人员的资格。 (5)施工单位对分包单位的管理制度
施工控制测量成果报验表	专业监理工程师		检查、复核内容包括: (1)施工单位测量人员的资格证书及测量设备检定证书。 (2)施工平面控制网、高程控制网和临时水准点的测量成果及控制桩的保护措施
试验室报审表	专业监理工程师		检查内容: (1)试验室的资质等级及试验范围。 (2)法定计量部门对试验设备出具的计量检定证明。 (3)试验室管理制度。 (4)试验人员资格证书

报审、报验表	审查并提出意见	审批、签认或签署意见	相关规定
工程材料、构配件或设备报审表	专业监理工程师		项目监理机构收到施工单位报送的工程材料、构配件、设备报审表后，应审查施工单位报送的用于工程的材料、构配件、设备的<u>质量证明文件</u>，并应按有关规定对用于工程的材料进行见证取样。用于工程的材料、构配件、设备的质量证明文件包括出厂合格证、<u>质量检验报告、性能检测报告以及施工单位的质量抽检报告</u>等。对于工程设备应同时附有<u>设备出厂合格证、技术说明书、质量检验证明、有关图纸、配件清单及技术资料</u>等。对已进场经检验不合格的工程材料、构配件、设备，应要求施工单位限期将其<u>撤出施工现场</u>。 由建设单位采购的主要设备则由<u>建设单位、施工单位、项目监理机构</u>进行开箱检查，并由<u>三方</u>在开箱检查记录上签字
工程开工报审表	专业监理工程师	总监理工程师	<u>总监理工程师</u>应在开工日期 <u>7</u> 天前向施工单位发出工程开工令。工期自总监理工程师发出的<u>工程开工令中载明的开工日期</u>起计算

总结：

施工单位报审、报验用表的附件、盖章、签字对比

用表	附件	报审、报验		审查		审核		审批	
		盖章	签字	盖章	签字	盖章	签字	盖章	签字
施工组织设计报审表	施工组织设计	施工项目经理部	项目经理	—	专业监理工程师	项目监理机构	总监理工程师（印章）	—	—
专项施工方案报审表	专项施工方案	施工项目经理部	项目经理	—	专业监理工程师	项目监理机构	总监理工程师（印章）	—	—

用表	附件	报审、报验		审查		审核		审批	
		盖章	签字	盖章	签字	盖章	签字	盖章	签字
危大工程专项施工方案报审表	专项施工方案	施工项目经理部	项目经理	—	专业监理工程师	项目监理机构	总监理工程师（印章）	建设单位	建设单位代表
施工方案报审表	施工方案	施工项目经理部	项目经理	—	专业监理工程师	项目监理机构	总监理工程师（印章）	—	—
工程开工报审表	证明文件资料	施工单位	项目经理	项目监理机构	总监理工程师（印章）	—	—	建设单位	建设单位代表
工程复工报审表	证明文件资料	施工项目经理部	项目经理	项目监理机构	总监理工程师	—	—	建设单位	建设单位代表
分包单位资格报审表	分包单位资质材料、分包单位业绩材料、分包单位专职管理人员和特种作业人员的资格证书、施工单位对分包单位的管理制度	施工项目经理部	项目经理	—	专业监理工程师	项目监理机构	总监理工程师	—	—

第三节　施工过程的质量控制

核心考点1　巡视与旁站（必考指数★★★）

项目		内容
巡视		巡视是项目监理机构对施工现场进行的定期或不定期的检查活动。巡视应包括下列主要内容： (1)施工单位是否按工程设计文件、工程建设标准和批准的施工组织设计、(专项)施工方案施工。 (2)使用的工程材料、构配件和设备是否合格。 (3)施工现场管理人员，特别是施工质量管理人员是否到位。 (4)特种作业人员是否持证上岗
旁站	工作程序	(1)开工前，项目监理机构应根据工程特点和施工单位报送的施工组织设计，确定旁站的关键部位、关键工序，并书面通知施工单位。 (2)施工单位在需要实施旁站的关键部位、关键工序进行施工前书面通知项目监理机构。 (3)接到施工单位书面通知后，项目监理机构应安排旁站人员实施旁站
	监理人员主要职责	(1)检查施工单位现场质检人员到岗、特殊工种人员持证上岗及施工机械、建筑材料准备情况。 (2)在现场监督关键部位、关键工序的施工执行施工方案以及工程建设强制性标准情况。 (3)核查进场建筑材料、构配件、设备和商品混凝土的质量检验报告等，并可在现场监督施工单位进行检验或者委托具有资格的第三方进行复验。 (4)做好旁站记录，保存旁站原始资料。 对发现施工单位有违反工程建设强制性标准行为的，应责令施工单位立即整改；发现其施工活动已经或者可能危及工程质量的，应当及时向专业监理工程师或总监理工程师报告，由总监理工程师下达暂停令，指令施工单位整改。 对需要旁站的关键部位、关键工序的施工，凡没有实施旁站监理或者没有旁站记录的，专业监理工程师或总监理工程师不得在相应文件上签字

核心考点 2　见证取样与平行检验（必考指数★）

项目		内容
见证取样	工作程序	（1）工程项目施工前，由施工单位和项目监理机构共同对见证取样的检测机构进行考察确定。对于施工单位提出的试验室，专业监理工程师要进行实地考察。<u>试验室一般是和施工单位没有行政隶属关系的第三方</u>。 （2）项目监理机构要将选定的试验室报送负责本项目的质量监督机构备案，同时要将项目监理机构中负责见证取样的监理人员在该质量监督机构备案。 （3）施工单位应按照规定制定检测试验计划，配备取样人员，负责施工现场的取样工作，并将检测试验计划报送项目监理机构。 （4）施工单位在对进场材料、试块、试件、钢筋接头等实施见证取样前要通知负责见证取样的监理人员，在该监理人员现场监督下，施工单位按相关规范的要求，完成材料、试块、试件等的取样过程。 （5）完成取样后，施工单位取样人员应在试样或其包装上作出标识、封志。标识和封志应标明工程名称、取样部位、取样日期、样品名称和样品数量等信息，并由<u>见证取样的监理人员和施工单位取样人员</u>签字
	要求	（1）试验室要具有相应的资质并进行备案、认可。 （2）负责见证取样的监理人员要具有材料、试验等方面的专业知识，并<u>经培训考核合格</u>，且要<u>取得见证人员培训合格证书</u>。 （3）施工单位从事取样的人员一般应由<u>试验室人员或专职质检人员</u>担任。 （4）试验室出具的报告一式两份，分别由<u>施工单位和项目监理机构</u>保存，并作为归档材料，是工序产品质量评定的重要依据。 （5）见证取样的频率，国家或地方主管部门有规定的，执行相关规定；施工承包合同中如有明确规定的，执行施工承包合同的规定。 （6）见证取样和送检的资料必须真实、完整，符合相应规定
平行检验		平行检验的项目、数量、频率和费用等符合建设工程监理合同的约定

核心考点3　工程实体质量控制（必考指数★★）

工程	质量控制
钢筋工程	（1）清除钢筋上的污染物和施工缝处的浮浆。钢筋应平直、无损伤，表面不得有裂纹、油污、颗粒状或片状老锈。施工缝浇筑混凝土，应清除浮浆、松动石子、软弱混凝土层。 （2）预留钢筋的中心线位置允许偏差为 5mm 内。钢筋绑扎时，应将预留钢筋调直理顺，并将其表面砂浆等杂物清理干净。对伸出混凝土体外预留钢筋，可绑一道临时横筋固定预留筋间距，混凝土浇筑完后立即对预留筋进行修整。 （3）钢筋安装时，应检查受力钢筋的牌号、规格和数量是否符合设计和规范的要求 （4）直螺纹连接、锥螺纹连接、挤压连接和电阻焊连接钢筋接头的力学性能、弯曲性能应符合有关标准的规定，焊接连接接头试件应从工程实体上截取；闪光对焊、电弧焊、气压焊焊接接头以及预埋件钢筋埋弧焊 T 形接头，应分批进行外观质量检查和力学性能检验。 （5）对一般结构构件，箍筋弯钩的弯折角度不应小于 90°，对抗震设防有专门要求的结构构件，箍筋弯钩的弯折角度不应小于 135°；圆形箍筋两末端均应做不小于 135°的弯钩。 （6）受力钢筋保护层厚度的合格点率应达到 90% 及以上，构件中受力钢筋的保护层厚度不应小于钢筋的公称直径，且不小于规范规定的最小厚度
混凝土工程	（1）模板板面应清理干净并涂刷隔离剂。 （2）现浇结构模板安装的表面平整度偏差为 5mm，预制构件模板安装的表面平整度偏差为 3mm。 （3）严禁在混凝土中加水。 （4）后浇带留设界面应垂直于结构构件和纵向受力钢筋，对于厚度或高度较大的结构构件，宜采用专用材料封挡；后浇带、施工缝的结合面应为粗糙面，应清除浮浆、松动石子和软弱混凝土层

工程	质量控制
钢结构工程	(1)焊工应当<u>持证上岗</u>,在其合格证规定的范围内施焊。焊工必须经考试合格并取得合格证书;持证焊工必须在其考试合格项目及其认可范围内施焊。 (2)一、二级焊缝应进行焊缝内部缺陷检验。一、二级焊缝应采用超声波探伤进行内部缺陷检验,超声波探伤不能对缺陷作出判断时,应采用<u>射线探伤</u>,其内部缺陷分级及探伤方法应符合相应标准要求;<u>一级探伤比例为100%,二级探伤比例为20%</u>。 (3)高强度大六角头螺栓连接副终拧完成<u>1h后、48h</u>内应进行终拧扭矩检查,检验结果符合规程规定。 (4)每使用100t或不足100t薄涂型防火涂料应抽检一次粘结强度;每使用500t或不足500t厚涂型防火涂料应抽检一次粘结强度和抗压强度
防水工程	(1)防水混凝土拌合物在运输后如出现离析,必须进行<u>二次搅拌</u>;当坍落度损失后不能满足施工要求时,应加入原水胶比的水泥浆或掺加同品种的减水剂进行搅拌,<u>严禁直接加水</u>。 (2)水泥砂浆防水层应采用聚合物水泥防水砂浆、掺外加剂或掺合物的防水砂浆;防水层施工缝留槎位置正确,接槎按层次顺序搭接紧密;防水层平均厚度应符合设计要求,最小厚度不得小于设计厚度的<u>85%</u>

核心考点4　装配式建筑 PC 构件施工质量控制（必考指数★）

项目	内容
图纸深化设计的审核	PC 构件图纸深化设计由非原设计单位设计出图的,应在原设计单位指导协助下由有拆分设计经验的专业设计单位拆分设计,最终图纸须得到<u>原设计单位</u>的审核盖章确认
生产方案的审查	审查的具体内容包括:生产工艺、生产计划、模具方案、模具计划、技术质量控制措施、成本保护、存放及运输方案等。必要时,应审查预制构件脱模、吊运、码放、翻转及运输等工况的力学计算
生产原材料质量控制	PC 构件见证检验包括:①混凝土强度试块取样检验;②钢筋取样检验;③钢筋套筒取样检验;④拉结件取样检验;⑤预埋件取样检验;⑥保温材料取样检验

项目	内容
PC 构件制作过程的检验与报验	审核工厂提供的预制构件型式检验报告。除工程概况、检测鉴定内容和依据外,重点审查各项检测指标与鉴定结论是否满足设计及规范要求,包括:①外观质量;②尺寸偏差;③钢筋保护层厚度;④混凝土抗压强度;⑤放射性核素限量
PC 构件的运输	应编制专项运输方案,报项目监理机构批准后执行
构件吊装质量控制	(1)项目监理机构应审核施工单位编制的吊装方案,提出审查意见,经总监理工程师签认后实施。 (2)构件吊装前,项目专业监理工程师应对吊装准备工作进行检查,并形成书面记录。 (3)楼板面测量放线时,项目监理机构应进行旁站,并对放样的细部尺寸构件安装标高进行测量放线。 (4)构件(外挂板、外墙板、内墙板、隔墙板、预制柱、叠合梁、叠合板、楼梯)吊装时,项目监理机构应对吊装施工进行旁站监理。 (5)PC 构件灌浆时,项目监理机构应对钢筋套筒灌浆连接、钢筋浆锚搭接灌浆作业实施旁站监理。 (6)项目监理机构应对装配式支撑方案进行审查,对支撑体系的搭设进行巡视检查

核心考点 5　监理通知单、工程暂停令、工程复工令的签发（必考指数★★★）

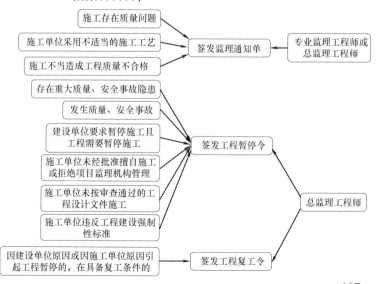

107

总结：

工程监理单位用表的附件、盖章、签字对比

用表	附件	盖章	签字
工程开工令	工程开工报审表	项目监理机构	总监理工程师（签字、印章）
监理通知单	—	项目监理机构	总监理工程师 专业监理工程师
监理报告	监理通知单 工程暂停令	项目监理机构	总监理工程师
工程暂停令	—	项目监理机构	总监理工程师（签字、印章）
旁站记录	—	—	旁站监理人员
工程复工令	工程复工报审表	项目监理机构	总监理工程师（签字、印章）

核心考点 6　施工单位提出工程变更的处理（必考指数★）

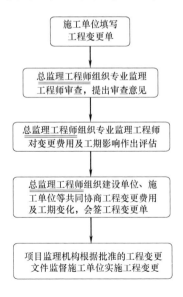

施工单位填写
工程变更单

↓

总监理工程师组织专业监理
工程师审查，提出审查意见

↓

总监理工程师组织专业监理工程师
对变更费用及工期影响作出评估

↓

总监理工程师组织建设单位、施
工单位等共同协商工程变更费用
及工期变化，会签工程变更单

↓

项目监理机构根据批准的工程变更
文件监督施工单位实施工程变更

重点提示:

（1）对涉及工程设计文件修改的工程变更，应由建设单位转交原设计单位修改工程设计文件。

（2）如果变更涉及项目功能、结构主体安全，该工程变更还要按有关规定报送施工图原审查机构及管理部门进行审查与批准。

核心考点7　质量记录资料的管理（必考指数★★）

质量记录资料	内容
施工现场质量管理检查记录资料	施工单位现场质量管理制度,质量责任制;主要专业工种操作上岗证书;分包单位资质及总承包施工单位对分包单位的管理制度;施工图审查核对资料(记录),地质勘察资料;施工组织设计、施工方案及审批记录;施工技术标准;工程质量检验制度;混凝土搅拌站(级配填料拌合站)及计量设置;现场材料、设备存放与管理等
工程材料质量记录	进场工程材料、构配件、设备的质量证明资料;各种试验检验报告(如力学性能试验、化学成分试验、材料级配试验等);各种合格证;设备进场维修记录或设备进场运行检验记录
施工过程作业活动质量记录资料	有关图纸的图号、设计要求;质量自检资料;项目监理机构的验收资料;各工序作业的原始施工记录;检测及试验报告;材料、设备质量资料的编号、存放档案卷号;不合格项的报告、通知以及处理及检查验收资料等

第四节　安全生产的监理行为和现场控制

核心考点　安全生产的监理行为（必考指数★）

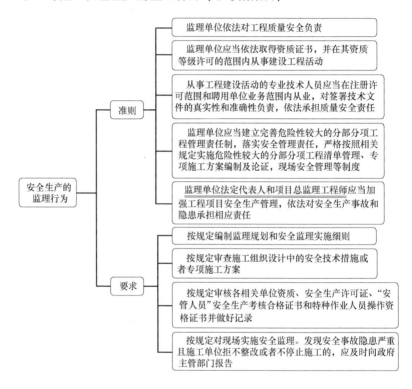

第五节　危险性较大的分部分项工程施工安全管理

核心考点1　危险性较大的分部分项工程范围（必考指数★）

项目	达到一定规模的危险性 较大的单项工程	超过一定规模的危险性 较大的单项工程
基坑 工程	(1)开挖深度超过 3m(含 3m)的基坑(槽)的土方开挖、支护、降水工程。	开挖深度超过 5m(含 5m)的基坑(槽)的土方开挖、支护、降水工程

项目	达到一定规模的危险性较大的单项工程	超过一定规模的危险性较大的单项工程
基坑工程	(2)开挖深度虽未超过3m,但地质条件、周围环境和地下管线复杂,或影响毗邻建、构筑物安全的基坑(槽)的土方开挖、支护、降水工程	开挖深度超过5m(含5m)的基坑(槽)的土方开挖、支护、降水工程
模板工程及支撑体系	(1)各类工具式模板工程:包括滑模、爬模、飞模、隧道模等工程。 (2)混凝土模板支撑工程:搭设高度5m及以上,或搭设跨度10m及以上,或施工总荷载(荷载效应基本组合的设计值,以下简称设计值)10kN/m² 及以上,或集中线荷载(设计值)15kN/m及以上,或高度大于支撑水平投影宽度且相对独立无联系构件的混凝土模板支撑工程。 (3)承重支撑体系:用于钢结构安装等满堂支撑体系	(1)各类工具式模板工程:包括滑模、爬模、飞模、隧道模等工程。 (2)混凝土模板支撑工程:搭设高度8m及以上,或搭设跨度18m及以上,或施工总荷载(设计值)15kN/m² 及以上,或集中线荷载(设计值)20kN/m及以上。 (3)承重支撑体系:用于钢结构安装等满堂支撑体系,承受单点集中荷载7kN以上
起重吊装及安装拆卸工程	(1)采用非常规起重设备、方法,且单件起吊重量在10kN及以上的起重吊装工程。 (2)采用起重机械进行安装的工程。 (3)起重机械安装和拆卸工程	(1)采用非常规起重设备、方法,且单件起吊重量在100kN及以上的起重吊装工程。 (2)起重量300kN及以上,或搭设总高度200m及以上,或搭设基础标高在200m及以上的起重机械安装和拆卸工程
脚手架	(1)搭设高度24m及以上的落地式钢管脚手架工程(包括采光井、电梯井脚手架)。 (2)附着式升降脚手架工程。 (3)悬挑式脚手架工程。 (4)高处作业吊篮。 (5)卸料平台、操作平台工程。 (6)异型脚手架工程	(1)搭设高度50m及以上落地式钢管脚手架工程。 (2)提升高度在150m及以上附着式升降脚手架工程或附着式升降操作平台工程。 (3)分段架体搭设高度20m及以上的悬挑式脚手架工程

项目	达到一定规模的危险性较大的单项工程	超过一定规模的危险性较大的单项工程
拆除工程	可能影响行人、交通、电力设施、通信设施或其他建、构筑物安全的拆除工程	(1)码头、桥梁、高架、烟囱、水塔或拆除中容易引起有毒有害气(液)体或粉尘扩散、易燃易爆事故发生的特殊建、构筑物的拆除工程。 (2)文物保护建筑、优秀历史建筑或历史文化风貌区影响范围内的拆除工程
暗挖工程	采用矿山法、盾构法、顶管法施工的隧道、洞室工程	采用矿山法、盾构法、顶管法施工的隧道、洞室工程
其他	(1)建筑幕墙安装工程。 (2)钢结构、网架和索膜结构安装工程。 (3)人工挖孔桩工程。 (4)水下作业工程。 (5)装配式建筑混凝土预制构件安装工程。 (6)采用新技术、新工艺、新材料、新设备可能影响工程施工安全,尚无国家、行业及地方技术标准的分部分项工程	(1)施工高度 50m 及以上的建筑幕墙安装工程。 (2)跨度 36m 及以上的钢结构安装工程,或跨度 60m 及以上的网架和索膜结构安装工程。 (3)开挖深度 16m 及以上的人工挖孔桩工程。 (4)水下作业工程。 (5)重量 1000kN 及以上的大型结构整体顶升、平移、转体等施工工艺。 (6)采用新技术、新工艺、新材料、新设备可能影响工程施工安全,尚无国家、行业及地方技术标准的分部分项工程

核心考点 2　专项施工方案的编制、审核与论证审查（必考指数★）

项目	内容
编制	施工单位应当在危大工程施工前组织工程技术人员编制专项施工方案。 　实行施工总承包的,专项施工方案应当由施工总承包单位组织编制。危大工程实行分包的,专项施工方案可以由相关专业分包单位组织编制

项目	内容
审核	应由施工单位技术负责人审核签字、加盖单位公章，并由总监理工程师审查签字、加盖执业印章后方可实施。 实行分包并由分包单位编制专项施工方案的，专项施工方案应当由总承包单位技术负责人及分包单位技术负责人共同审核签字并加盖单位公章
论证审查	对于超过一定规模的危大工程，施工单位应当组织召开专家论证会对专项施工方案进行论证。 实行施工总承包的，由施工总承包单位组织召开专家论证会。 专家论证前专项施工方案应当通过施工单位审核和总监理工程师审查

核心考点3　现场安全管理（必考指数★）

项目	内容
施工单位现场安全管理工作	(1)应当在施工现场显著位置公告危大工程名称、施工时间和具体责任人员，并在危险区域设置安全警示标志。 (2)专项施工方案实施前，编制人员或者项目技术负责人应当向施工现场管理人员进行方案交底。 (3)应当严格按照专项施工方案组织施工，不得擅自修改专项施工方案。 (4)应当对危大工程施工作业人员进行登记，项目负责人应当在施工现场履职。 (5)应当将专项施工方案及审核、专家论证、交底、现场检查、验收及整改等相关资料纳入档案管理
监理单位现场安全管理工作	(1)应当结合危大工程专项施工方案编制监理实施细则，并对危大工程施工实施专项巡视检查。 (2)发现施工单位未按照专项施工方案施工的，应当要求其进行整改；情节严重的，应当要求其暂停施工，并及时报告建设单位。施工单位拒不整改或者不停止施工的，应当及时报告建设单位和工程所在地住房和城乡建设主管部门。 (3)应当将监理实施细则、专项施工方案审查、专项巡视检查、验收及整改等相关资料纳入档案管理

项目	内容
监测单位工作	<u>监测单位</u>应当编制监测方案。监测方案由<u>监测单位技术负责人</u>审核签字并加盖单位公章,报送监理单位后方可实施
危大工程应急处置	危大工程发生险情或者事故时,<u>施工单位</u>应当立即采取应急处置措施,并报告工程所在地住房和城乡建设主管部门。 危大工程应急抢险结束后,<u>建设单位</u>应当组织<u>勘察、设计、施工、监理</u>等单位制定工程恢复方案,并对应急抢险工作进行后评估

114

第六章 建设工程施工质量验收和保修

第一节　建筑工程施工质量验收

核心考点 1　单位工程的概念及划分（必考指数★）

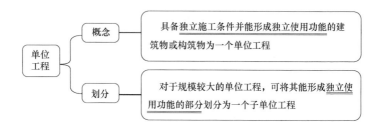

核心考点 2　分部工程、分项工程、检验批的划分（必考指数★★★）

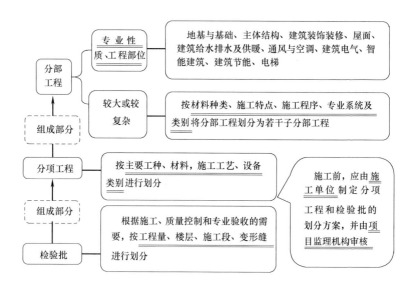

核心考点 3　室外工程的划分（必考指数★）

位工程	子单位工程	分部工程
室外设施	道路	路基、基层、面层、广场与停车场、人行道、人行地道、挡土墙、附属构筑物
	边坡	土石方、挡土墙、支护
附属建筑及室外环境	附属建筑	车棚、围墙、大门、挡土墙
	室外环境	建筑小品、亭台、水景、连廊、花坛、场坪绿化、景观桥

核心考点 4　建筑工程施工质量验收基本规定（必考指数★★）

项目	内容
建筑工程施工质量控制规定	（1）主要材料、半成品、成品、建筑构配件、器具和设备应进行进场检验。按规定进行复验的，应经专业监理工程师检查认可。 （2）各施工工序应按施工技术标准进行质量控制，每道施工工序完成后，经施工单位自检符合规定后，才能进行下道工序施工。 （3）对于项目监理机构提出检查要求的重要工序，应经专业监理工程师检查认可，才能进行下道工序施工。 （4）涉及安全、节能、环境保护等项目的专项验收要求应由建设单位组织专家论证。 （5）对涉及结构安全、节能、环境保护和主要使用功能的试块、试件及材料，应在进场时或施工中按规定进行见证检验。 （6）对涉及结构安全、节能、环境保护和使用功能的重要分部工程，应在验收前按规定进行抽样检验
抽样复验调整数量规定	符合下列条件之一时，可按相关专业验收规范的规定适当调整抽样复验、试验数量，调整后的抽样复验、试验方案应由施工单位编制，并报项目监理机构审核确认。 （1）同一项目中由相同施工单位施工的多个单位工程，使用同一生产厂家的同品种、同规格、同批次的材料、构配件、设备。 （2）同一施工单位在现场加工的成品、半成品、构配件用于同一项目中的多个单位工程。 （3）在同一项目中，针对同一抽样对象已有检验成果可以重复利用

项目	内容
计量抽样的错判概率 α 和漏判概率 β 的选取规定	(1)主控项目:对应于合格质量水平的 α 和 β 均不宜超过5%。 (2)一般项目:对应于合格质量水平的 α 不宜超过 5%,β 不宜超过 10%

核心考点 5　建筑工程施工质量验收合格标准（必考指数★★★）

检验批/工程	合格标准
检验批	(1)主控项目的质量经抽样检验均应合格。 (2)一般项目的质量经抽样检验合格。 (3)具有完整的施工操作依据、质量验收记录
分项工程	(1)所含检验批的质量均应验收合格。 (2)所含检验批的质量验收记录应完整
分部工程	(1)所含分项工程的质量均应验收合格。 (2)质量控制资料应完整。 (3)有关安全、节能、环境保护和主要使用功能的抽样检验结果应符合相应规定。 (4)观感质量应符合要求
单位工程	(1)所含分部工程的质量均应验收合格。 (2)质量控制资料应完整。 (3)所含分部工程中有关安全、节能、环境保护和主要使用功能的检验资料应完整。 (4)主要使用功能的抽查结果应符合相关专业质量验收规范的规定。 (5)观感质量应符合要求

总结:

(1) 最小验收单位——检验批。应注意以下几个方面的内容:

① 主控项目是对检验批的基本质量起决定性影响的检验项目,必须全部符合有关专业验收规范的规定。

② 一般项目的质量采用计数抽样时,合格点率应符合有关专业验收规范的规定,且不得存在严重缺陷。

118

③ 对质量控制资料完整性的检查，是检验批质量合格的前提。

（2）分部工程质量验收时，观感质量验收综合给出"好""一般""差"的质量评价结果。对于"差"的检查点应进行返修处理。

（3）检验批验收合格（2 项）；分项工程验收合格（2 项）；分部工程验收合格（4 项）；单位工程验收合格（5 项）。

各层次的验收条件均应包含前一层次的验收条件。

核心考点 6　建筑工程施工质量验收组织及验收记录的填写（必考指数★★★）

工程	验收组织	参加人员	验收记录签认或签署
检验批	专业监理工程师	施工单位项目专业质量检查员、专业工长	专业监理工程师和施工单位专业质量检查员、专业工长共同签署
分项工程	专业监理工程师组织	施工单位项目专业技术负责人等	专业监理工程师
分部工程	总监理工程师	施工单位项目负责人和项目技术负责人等	地基基础:施工、勘察、设计单位项目负责人;总监理工程师。 主体结构、节能:施工、设计单位项目负责人、总监理工程师
单位工程	预验收:总监理工程师	专业监理工程师、施工单位项目经理、项目技术负责人等	总监理工程师
	单位工程验收:建设单位项目负责人	监理、施工、设计、勘察等单位项目负责人	(1)验收记录:施工单位。 (2)验收结论:监理单位。 (3)综合验收结论:建设单位

核心考点 7　单位工程安全和功能检查项目（必考指数★）

项目	内容
建筑与结构	地基承载力检验报告；桩基承载力检验报告；混凝土强度试验报告；砂浆强度试验报告；主体结构尺寸、位置抽查记录；建筑物垂直度、标高、全高测量记录；屋面淋水或蓄水试验记录；地下室渗漏水检测记录；有防水要求的地面蓄水试验记录；抽气（风）道检查记录；外窗气密性、水密性、耐风压检测报告；幕墙气密性、水密性、耐风压检测报告；建筑物沉降观测测量记录；节能、保温测试记录；室内环境检测报告；土壤氡气浓度检测报告
给水排水与供暖	给水管道通水试验记录；暖气管道、散热器压力试验记录；卫生器具满水试验记录；消防管道、燃气管道压力试验记录；排水干管通球试验记录；锅炉试运行、安全阀及报警联动测试记录
通风与空调	通风、空调系统试运行记录；风量、温度测试记录；空气能量回收装置测试记录；洁净室洁净度测试记录；制冷机组试运行调试记录
建筑电气	建筑照明通电试运行记录；灯具固定装置及悬吊装瓷的载荷强度试验记录；绝缘电阻测试记录；剩余电流动作保护器测试记录；应急电源装置应急持续供电记录；接地电阻测试记录；接地故障回路阻抗测试记录
智能建筑	系统试运行记录；系统电源及接地检测报告；系统接地检测报告
建筑节能	外墙节能构造检查记录或热工性能检验报告；设备系统节能性能检查记录
电梯	运行记录；安全装置检测报告

核心考点 8　建筑工程质量验收时不符合要求的处理（必考指数★★）

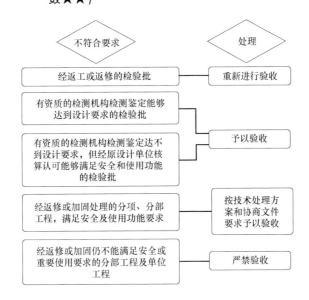

第二节　城市轨道交通工程施工质量验收

核心考点 1　城市轨道交通工程单位工程验收（必考指数★）

项目	内容
验收要求	（1）施工单位对单位工程质量自验合格后,总理工程师应组织专业监理工程师,依据有关法律、法规、工程建设强制性标准、设计文件及施工合同,对施工单位报送的验收资料进行审查后,组织单位工程预验。单位工程各相关参建单位须参加预验,预验程序可参照单位工程验收程序。 （2）单位工程预验合格、遗留问题整改完毕后,施工单位应向建设单位提交单位工程验收报告,申请单位工程验收。验收报告须经该工程总监理工程师签署意见。 （3）单位工程验收由建设单位组织,勘察、设计、施工、监理等各参建单位的项目负责人参加,组成验收小组

项目	内容
验收要求	(4)当一个单位工程由多个子单位工程组成时,子单位工程质量验收的组织和程序应参照单位工程质量验收组织和程序进行
验收内容和程序	(1)建设、勘察、设计、施工、监理等单位分别汇报工程合同履约情况和在工程建设各个环节执行法律、法规和工程建设强制性标准的情况。 (2)验收小组实地查验工程质量,审阅建设、勘察、设计、监理、施工单位的工程档案资料,并形成验收意见。 (3)工程质量监督机构出具验收监督意见

核心考点2 城市轨道交通工程项目工程验收（必考指数★）

项目	内容
验收要求	(1)<u>建设单位</u>应对验收组主要成员资格进行核查。 (2)<u>建设单位</u>应制定验收方案,验收方案的内容应包括验收组人员组成、验收方法等。 (3)<u>建设单位</u>应当在项目工程验收 <u>7</u> 个工作日前,将验收的时间、地点及验收方案书面报送工程质量监督机构
验收内容和程序	(1)建设单位代表向验收组汇报工程合同履约情况和在工程建设各个环节执行法律、法规和工程建设强制性标准的情况。 (2)各验收小组实地查验工程质量,复查单位工程验收遗留问题的整改情况;审阅建设、勘察、设计、监理、施工单位的工程档案和各项功能性检测、监测资料。 (3)验收组对工程勘察、设计、施工、监理、设备安装质量等方面进行评价,审查对试运行有影响的相关专项验收情况;审查系统设备联合调试情况,签署项目工程验收意见。 (4)工程质量监督机构出具验收监督意见。 　城市轨道交通建设工程自项目工程验收合格之日起可投入不载客试运行,试运行时间不应少于 <u>3</u> 个月

核心考点3　城市轨道交通工程竣工验收（必考指数★）

项目	内容
验收要求	(1)建设单位应对验收组主要成员资格进行核查。 (2)建设单位应制定验收方案,验收方案的内容应包括验收委员会人员组成、验收内容及方法等。 (3)验收委员会可按专业分为若干专业验收组。 (4)建设单位应当在竣工验收 7 个工作日前,将验收的时间、地点及验收方案书面报送工程质量监督机构
验收内容和程序	(1)建设、勘察、设计、监理、施工等单位代表简要汇报工程概况、合同履约情况和在工程建设各个环节执行法律、法规和工程建设强制性标准的情况。 (2)建设单位汇报试运行情况。 (3)相关部门代表进行专项验收工作总结。 (4)验收委员会审阅工程档案资料、运行总结报告及检查项目工程验收遗留问题和试运行中发现问题的整改情况。 (5)验收委员会质询相关单位,讨论并形成验收意见。 (6)验收委员会签署工程竣工验收报告,并对遗留问题做出处理决定。 (7)工程质量监督机构出具验收监督意见。 施工单位应在竣工验收合格后,签订工程质量保修书,自竣工验收合格之日开始履行质保义务。建设单位应在竣工验收合格之日起 15 个工作日内,将竣工验收报告和相关文件,报城市建设主管部门备案

重点提示:

城市轨道交通建设工程所包含的单位工程验收合格且通过相关专项验收后,方可组织项目工程验收;项目工程验收合格后,建设单位应组织不载客试运行 3 个月、并通过全部专项验收后,方可组织竣工验收;竣工验收合格后,城市轨道交通建设工程方可履行相关试运营手续。

第三节　工程质量保修管理

核心考点 1　工程保修期限的规定（必考指数★★）

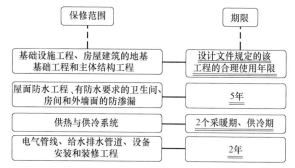

核心考点 2　工程保修阶段的主要工作（必考指数★）

第七章 建设工程质量
缺陷及事故处理

第一节　工程质量缺陷及处理

核心考点 1　工程质量缺陷的成因（必考指数★★）

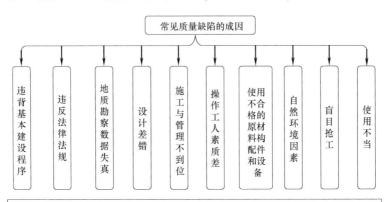

总结：

第一，应把十种成因都记全、记牢，做题时将每一种成因都与选项对照一遍，分别将选项与成因对号入座，这样不容易出错。

第二，应在对比分析理解的基础上记忆。

比如对设计图纸的问题归纳，不同的表述有不同的结果：

（1）无图施工属于违背建设程序；

（2）施工图未经审批就施工属于违反法规行为；

（3）盲目套用图纸、计算简图与实际受力情况不符均属于设计差错；

（4）不按图施工、不熟悉图纸就施工、擅自修改设计、图纸未经会审就施工均属于施工与管理不到位。

第三，将"施工与管理不到位"与"使用不合格的原材料、构配件和设备"两类问题区分开是一个重点，尤其是施工与管理不到位的问题。

（1）凡涉及原材料、构配件和设备有问题的，应优先划归于使用不合格原材料、构配件和设备，如：外加剂掺量等不符合要求，预制构件截面尺寸不足，未可靠地建立预应力值，漏放或少放钢筋，板面开裂等均可能出现断裂、坍塌；变配电设备质量缺陷可能导致自燃或火灾等。

（2）"施工与管理不到位"与"使用不合格的原材料、构配件和设备"这两类问题中的其他问题的成因归类。

① 如果是施工顺序颠倒，属于施工与管理不到位。但如果是大的程序不对，则应属于违背建设程序问题，如：边设计、边施工；无图施工；不经竣工验收就交付使用（相对于施工顺序，这类问题算是大的程序问题）。

② 除此以外，凡不按图施工；施工组织管理紊乱，不熟悉图纸，盲目施工；施工方案考虑不周，施工顺序颠倒；图纸未经会审，仓促施工；技术交底不清，违章作业；疏于检查、验收等均应归为施工与管理不到位的质量成因。

核心考点2　工程质量缺陷的处理（必考指数★）

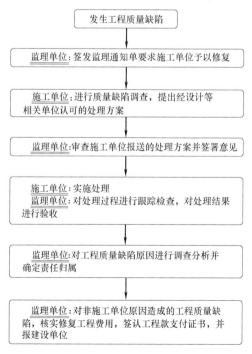

发生工程质量缺陷

监理单位：签发监理通知单要求施工单位予以修复

施工单位：进行质量缺陷调查，提出经设计等相关单位认可的处理方案

监理单位：审查施工单位报送的处理方案并签署意见

施工单位：实施处理
监理单位：对处理过程进行跟踪检查，对处理结果进行验收

监理单位：对工程质量缺陷原因进行调查分析并确定责任归属

监理单位：对非施工单位原因造成的工程质量缺陷，核实修复工程费用，签认工程款支付证书，并报建设单位

第二节 工程质量事故等级划分及处理

核心考点1 工程质量事故等级划分（必考指数★★）

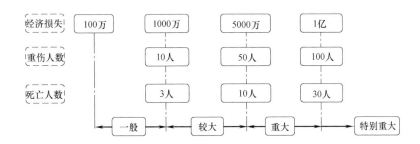

重点提示：

注意数字界限，包小不包大。每一事故等级所对应的3个条件是独立成立的，只要符合其中一条就可以判定，取最大为最终事故等级。

核心考点2 工程质量事故处理的依据（必考指数★）

工程质量事故处理的依据
- 相关的法律法规
- 有关合同及合同文件
- 质量事故的实况资料
  - 施工单位的质量事故调查报告
  - 项目监理机构所掌握的质量事故相关资料
- 有关的工程技术文件、资料和档案

核心考点3 工程质量事故处理程序（必考指数★★★）

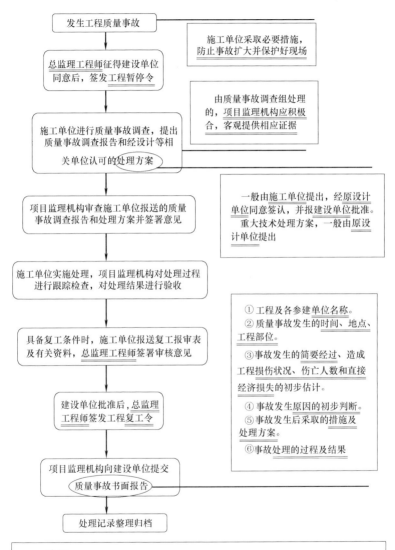

```
发生工程质量事故
        ↓                    施工单位采取必要措施，
总监理工程师征得建设单位        防止事故扩大并保护好现场
同意后，签发工程暂停令
        ↓                    由质量事故调查组处理
施工单位进行质量事故调查，提出    的，项目监理机构应积极
质量事故调查报告和经设计等相      合，客观提供相应证据
关单位认可的处理方案
        ↓
项目监理机构审查施工单位报送的质量   一般由施工单位提出，经原设计
事故调查报告和处理方案并签署意见    单位同意确认，并报建设单位批准。
                              重大技术处理方案，一般由原设
        ↓                    计单位提出
施工单位实施处理，项目监理机构对处理过程
进行跟踪检查，对处理结果进行验收    ①工程及各参建单位名称。
                              ②质量事故发生的时间、地点、
        ↓                    工程部位。
具备复工条件时，施工单位报送复工报审表    ③事故发生的简要经过、造成
及有关资料，总监理工程师签署审核意见    工程损伤状况、伤亡人数和直接
                              经济损失的初步估计。
        ↓                    ④事故发生原因的初步判断。
建设单位批准后，总监理              ⑤事故发生后采取的措施及
工程师签发工程复工令              处理方案。
                              ⑥事故处理的过程及结果
        ↓
项目监理机构向建设单位提交
质量事故书面报告
        ↓
处理记录整理归档
```

助记：

　　停工防护报主管；协助调查研意见；责做方案再核签；监督实施要检验；审查资料签复工；提交报告要归档。

核心考点 4   工程质量事故处理的基本方法（必考指数★★★）

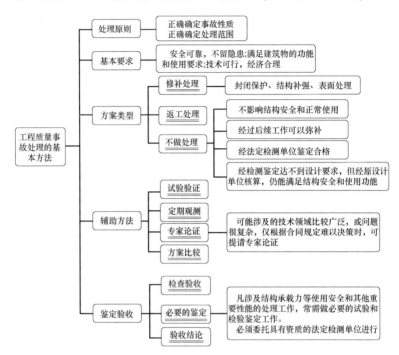

第八章　设备采购和监造质量控制

第一节　设备采购质量控制

核心考点 1　市场采购设备质量控制（必考指数★★）

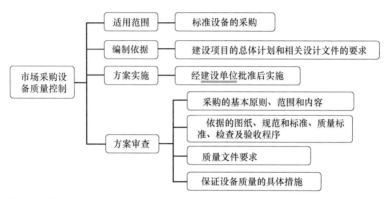

核心考点 2　向生产厂家订购设备质量控制（必考指数★）

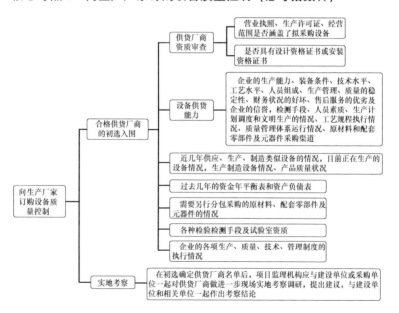

第二节 设备监造质量控制

核心考点 1 设备制造的质量控制方式（必考指数★★）

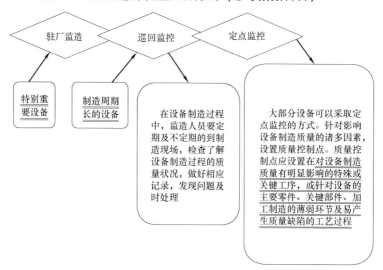

核心考点 2 设备制造的质量控制内容（必考指数★★★）

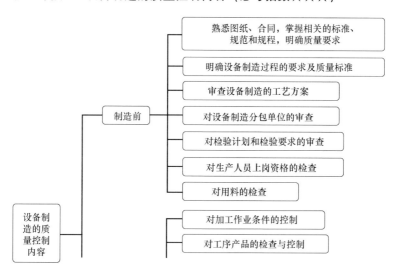

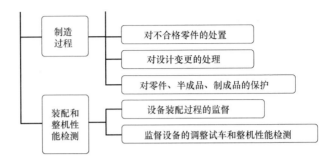

```
制造
过程
├─ 对不合格零件的处置
├─ 对设计变更的处理
└─ 对零件、半成品、制成品的保护

装配和
整机性
能检测
├─ 设备装配过程的监督
└─ 监督设备的调整试车和整机性能检测
```

重点提示：

　　质量记录资料包括质量管理资料，设备制造依据，制造过程的检查、验收资料，设备制造原材料、构配件的质量资料等。

核心考点3　设备运输与交接的质量控制（必考指数★）

项目	内容
出厂前的检查	在设备运往现场前，项目监理机构应按设计要求检查设备制造单位对待运设备采取的防护和包装措施，并应检查是否符合运输、装卸、储存、安装的要求，以及相关的随机文件、装箱单和附件是否齐全，符合要求后由<u>总监理工程师</u>签认同意后方可出厂
设备运输的质量控制	为保证设备的质量，制造单位在设备运输前应做好包装工作和制定合理的运输方案。项目监理机构要对<u>设备包装质量</u>进行检查，并审查<u>设备运输方案</u>
设备交货地点的检查与清点	(1)审查制定的开箱检验方案，以及检查措施的落实情况。 　　(2)开箱前按合同规定确定是否需要由设备制造单位、订货单位、建设单位代表、设计单位代表参加。 　　(3)参加设备交货的清点，并做好必要的检查

《建设工程投资控制》

第一章　建设工程投资控制概述

第一节 建设工程项目投资的概念和特点

核心考点1 建设工程项目投资的概念（必考指数★★）

项目	概念
总投资	建设工程项目总投资是指为完成工程项目建设并达到使用要求或生产条件,在建设期内预计或实际投入的全部费用总和。生产性建设工程项目总投资包括建设投资、建设期利息和流动资金三部分;非生产性建设工程项目总投资包括建设投资和建设期利息两部分。其中建设投资和建设期利息之和对应于固定资产投资
建设投资	建设投资由设备及工器具购置费、建筑安装工程费、工程建设其他费用、预备费(包括基本预备费和涨价预备费)组成
固定资产投资	固定资产投资可分为静态投资部分和动态投资部分。静态投资部分由建筑安装工程费、设备及工器具购置费、工程建设其他费和基本预备费构成。动态投资部分,是指在建设期内,因建设期利息和国家新批准的税费、汇率、利率变动以及建设期价格变动引起的固定资产投资增加额,包括涨价预备费和建设期利息

核心考点2 建设工程项目投资的特点（必考指数★）

建设工程项目投资的特点
- 数额巨大
- 差异明显
- 需单独计算
- 确定依据复杂
- 确定层次繁多
- 需动态跟踪调整

第二节　建设工程投资控制原理

核心考点1　投资控制的目标（必考指数★）

项目	内容
目标	(1)投资估算是建设工程设计方案选择和进行初步设计的投资控制目标。 (2)设计概算是进行技术设计和施工图设计的投资控制目标。 (3)施工图预算或建安工程承包合同价是施工阶段投资控制的目标
重点	项目投资控制的重点在于施工以前的投资决策和设计阶段

> **总结：**
> 投资控制目标是随着工程实践的不断深入而由粗到精分阶段设置的，大致分为：投资估算→设计概算→施工图预算等阶段。（估算概预）

核心考点2　投资控制的措施（必考指数★★）

措施	内容
组织措施	(1)在项目监理机构中落实从投资控制角度进行施工跟踪的人员、任务分工和职能分工。 (2)编制本阶段投资控制工作计划和详细的工作流程图
经济措施	(1)编制资金使用计划,确定、分解投资控制目标。对工程项目造价目标进行风险分析,并制定防范性对策。 (2)进行工程计量。 (3)复核工程付款账单,签发付款证书。 (4)在施工过程中进行投资跟踪控制,定期进行投资实际支出值与计划目标值的比较;发现偏差,分析产生偏差的原因,采取纠偏措施。 (5)协商确定工程变更的价款。审核竣工结算。 (6)对工程施工过程中的投资支出做好分析与预测,经常或定期向建设单位提交项目投资控制及其存在问题的报告

措施	内容
技术措施	(1)对设计变更进行技术经济比较,严格控制设计变更。 (2)继续寻找通过设计挖潜节约投资的可能性。 (3)审核承包人编制的施工组织设计,对主要施工方案进行技术经济分析
合同措施	(1)做好工程施工记录,保存各种文件图纸。参与处理索赔事宜。 (2)参与合同修改、补充工作,着重考虑它对投资控制的影响

第三节　建设工程投资控制的主要任务

核心考点　我国项目监理机构在建设工程投资控制中的主要工作（必考指数★★）

主要工作	内容
进行工程计量和付款签证	(1)专业监理工程师对施工单位在工程款支付报审表中提交的工程量和支付金额进行复核,确定实际完成的工程量,提出到期应支付给施工单位的金额,并提出相应的支持性材料。 (2)总监理工程师对专业监理工程师的审查意见进行审核,签认后报建设单位审批。 (3)总监理工程师根据建设单位的审批意见,向施工单位签发工程款支付证书
对完成工程量进行偏差分析	项目监理机构应建立月完成工程量统计表,对实际完成量与计划完成量进行比较分析,发现偏差的,应提出调整建议,并应在监理月报中向建设单位报告
审核竣工结算款	(1)专业监理工程师审查施工单位提交的竣工结算款支付申请,提出审查意见。 (2)总监理工程师对专业监理工程师的审查意见进行审核,签认后报建设单位审批,同时抄送施工单位,并就工程竣工结算事宜与建设单位、施工单位协商;达成一致意见的,根据建设单位审批意见向施工单位签发竣工结算款支付证书;不能达成一致意见的,应按施工合同约定处理

主要工作	内容
处理施工单位提出的工程变更费用	(1)总监理工程师组织专业监理工程师对工程变更费用及工期影响做出评估。 (2)总监理工程师组织建设单位、施工单位等共同协商确定工程变更费用及工期变化,会签工程变更单。 (3)项目监理机构可在工程变更实施前与建设单位、施工单位等协商确定工程变更的计价原则、计价方法或价款。 (4)建设单位与施工单位未能就工程变更费用达成协议时,项目监理机构可提出一个暂定价格并经建设单位同意,作为临时支付工程款的依据
处理费用索赔	(1)项目监理机构应及时收集、整理有关工程费用的原始资料,为处理费用索赔提供证据。 (2)审查费用索赔报审表。 (3)与建设单位和施工单位协商一致后,在施工合同约定的期限内签发费用索赔报审表,并报建设单位。 (4)当施工单位的费用索赔要求与工程延期要求相关联时,项目监理机构可提出费用索赔和工程延期的综合处理意见,并应与建设单位和施工单位协商。 (5)因施工单位原因造成建设单位损失,建设单位提出索赔时,项目监理机构应与建设单位和施工单位协商处理

第二章　建设工程投资构成

第一节 建设工程投资构成概述

核心考点 1 我国现行建设工程投资构成（必考指数★★）

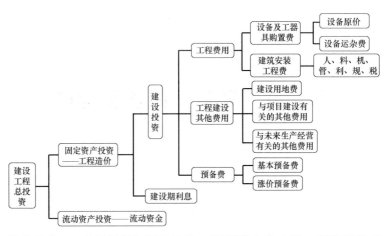

核心考点 2 世界银行和国际咨询工程师联合会建设工程投资构成（必考指数★）

构成	内容
项目直接建设成本	土地征购费、场外设施费用、场地费用、工艺设备费、设备安装费、管理系统费用、电气设备费、电气安装费、仪器仪表费、机械的绝缘和油漆费、工艺建筑费、服务性建筑费用、工厂普通公共设施费、其他当地费用
项目间接建设成本	项目管理费、开工试车费、业主的行政性费用、生产前费用、运费和保险费、地方税
应急费	(1)未明确项目的准备金。 (2)不可预见准备金,只是一种储备,可能不动用
建设成本上升费用	通常,估算中使用的构成工资率、材料和设备价格基础的截止日期就是"估算日期"。必须对该日期或已知成本基础进行调整,以补偿直至工程结束时的未知价格增长

第二节 建筑安装工程费用的组成和计算

核心考点1 按费用构成要素划分的建筑安装工程费用项目组成 (必考指数★★★)

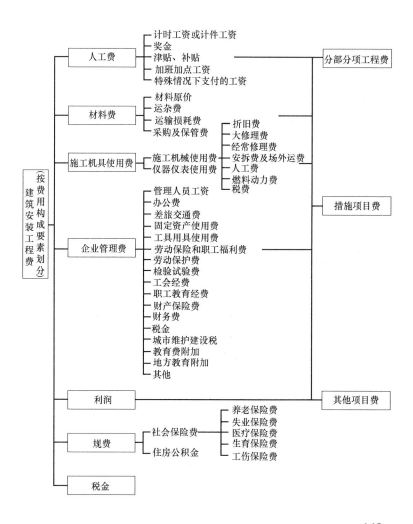

143

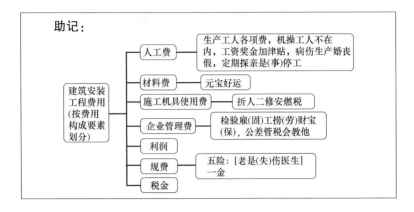

核心考点 2 按造价形成划分的建筑安装工程费用项目组成（必考指数★★★）

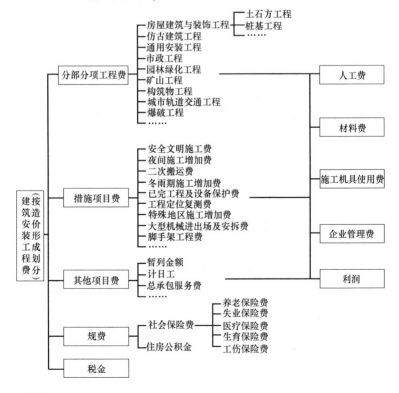

144

核心考点3　费用构成要素计算方法（必考指数★★）

费用		计算方法
人工费		人工费＝$\sum$（工日消耗量×日工资单价） 日工资单价＝ $\dfrac{\text{生产工人平均月工资(计时、计件)+平均月(资金+津贴补贴+特殊情况下支付的工资)}}{\text{年平均每月法定工作日}}$
材料费	材料费	材料费＝$\sum$（材料消耗量×材料单价） 材料单价＝｛（材料原价＋运杂费）×［1＋运输损耗率（％）］｝×［1＋采购保管费率（％）］
	工程设备费	工程设备费＝$\sum$（工程设备量×工程设备单价） 工程设备单价＝（设备原价＋运杂费）×［1＋采购保管费率（％）］
施工机具使用费	施工机械使用费	施工机械使用费＝$\sum$（施工机械台班消耗量×机械台班单价） 机械台班单价＝台班折旧费＋台班大修费＋台班经常修理费＋台班安拆费及场外运费＋台班人工费＋台班燃料动力费＋台班车船税费 （1）折旧费计算公式为： 台班折旧费＝$\dfrac{\text{机械预算价格×(1－残值率)}}{\text{耐用总台班数}}$ 耐用总台班数＝折旧年限×年工作台班 （2）大修理费计算公式： 台班大修理费＝$\dfrac{\text{一次大修理费×大修次数}}{\text{耐用总台班数}}$
	仪器仪表使用费	仪器仪表使用费＝工程使用的仪器仪表摊销费＋维修费

费用		计算方法
企业管理费	以分部分项工程费为计算基础	企业管理费费率(%)=$\dfrac{\text{生产工人年平均管理费}}{\text{年有效施工天数}\times\text{人工单价}}\times$ 人工费占分部分项工程费比例(%)
	以人工费和机械费合计为计算基础	企业管理费费率(%)= $\dfrac{\text{生产工人年平均管理费}}{\text{年有效施工天数}\times(\text{人工单价}+\text{每一工日机械使用费})}\times 100\%$
	以人工费为计算基础	企业管理费费率(%)= $\dfrac{\text{生产工人年平均管理费}}{\text{年有效施工天数}\times\text{人工单价}}\times 100\%$
规费		社会保险费和住房公积金应以定额人工费为计算基础,根据工程所在地省、自治区、直辖市或行业建设主管部门规定费率计算
增值税	一般计税	建筑业增值税税率为9%。计算公式为:增值税销项税额=税前造价×9% 税前造价为人工费、材料费、施工机具使用费、企业管理费、利润和规费之和,各费用项目均以不包含增值税可抵扣进项税额的价格计算
	简易计税	建筑业增值税税率为3%。计算公式为:增值税=税前造价×3% 税前造价为人工费、材料费、施工机具使用费、企业管理费、利润和规费之和,各费用项目均以包含增值税进项税额的含税价格计算

核心考点 4　建筑安装工程计价方法（必考指数★）

项目	内容
分部分项工程费	分部分项工程费＝∑(分部分项工程量×综合单价) 式中,综合单价包括人工费、材料费、施工机具使用费、企业管理费和利润以及一定范围的风险费用
措施项目费	(1)国家计量规范规定应予计量的措施项目,其计算公式为: 措施项目费＝∑(措施项目工程量×综合单价) (2)国家计量规范规定不宜计量的措施项目计算方法如下: ①安全文明施工费 安全文明施工费＝计算基数×安全文明施工费费率(%) ②夜间施工增加费 夜间施工增加费＝计算基数×夜间施工增加费费率(%) ③二次搬运费 二次搬运费＝计算基数×二次搬运费费率(%) ④冬雨期施工增加费 冬雨期施工增加费＝计算基数×冬雨期施工增加费费率(%) ⑤已完工程及设备保护费 已完工程及设备保护费＝计算基数×已完工程及设备保护费费率(%)
其他项目费	(1)暂列金额由建设单位根据工程特点,按有关计价规定估算。施工过程中由建设单位掌握使用、扣除合同价款调整后如有余额,归建设单位。 (2)计日工由建设单位和施工企业按施工过程中的签证计价。 (3)总承包服务费由建设单位在最高投标限价中根据总包服务范围和有关计价规定编制,施工企业投标时自主报价,施工过程中按签约合同价执行
规费和税金	建设单位和施工企业均应按照省、自治区、直辖市或行业建设主管部门发布的标准计算规费和税金,不得作为竞争性费用

核心考点5 建筑安装工程计价程序（必考指数★）

工程名称：　　　　　　　　　　　　　　　　　　　　标段：

序号	内容	计算方法	金额(元)
1	分部分项工程费	按计价规定计算	
1.1			
1.2			
1.3			
2	措施项目费	按计价规定计算	
2.1	其中:安全文明施工费	按规定标准计算	
3	其他项目费		
3.1	其中:暂列金额	按计价规定估算	
3.2	其中:专业工程暂估价	按计价规定估算	
3.3	其中:计日工	按计价规定估算	
3.4	其中:总承包服务费	按计价规定估算	
4	规费	按规定标准计算	
5	税金	(1+2+3+4)×规定税率	

最高投标限价合计＝1+2+3+4+5

148

核心考点 6　国际工程项目建筑安装工程费用的构成（必考指数★）

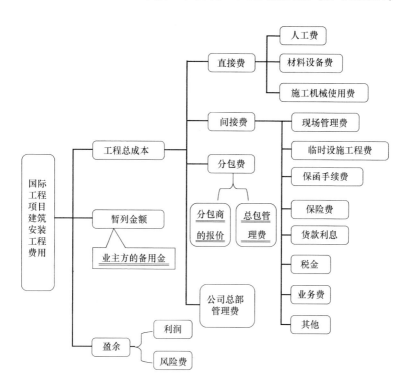

第三节　设备、工器具购置费用组成和计算

核心考点 1　设备原价的构成（必考指数★）

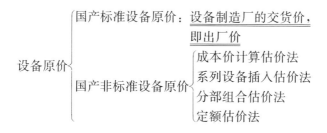

核心考点 2　进口设备的交货方式（必考指数★）

交货方式	内容
内陆交货类	在交货地点,卖方及时提交合同规定的货物和有关凭证,并承担交货前的一切费用和风险;买方按时接受货物,交付货款,承担接货后的一切费用和风险,并自行办理出口手续和装运出口
目的地交货类	买卖双方承担的责任、费用和风险是以目的地约定交货点为分界线,只有当卖方在交货点将货物置于买方控制下才算交货,方能向买方收取货款。这类交货价对卖方来说承担的风险较大,在国际贸易中卖方一般不愿意采用这类交货方式
装运港交货类	装运港交货类即卖方在出口国装运港完成交货任务。主要有装运港船上交货价(FOB),习惯称为离岸价;运费在内价(CFR);运费、保险费在内价(CIF),习惯称为到岸价。 卖方的责任是:负责在合同规定的装运港口和规定的期限内,将货物装上买方指定的船只,并及时通知买方;负责货物装船前的一切费用和风险;负责办理出口手续;提供出口国政府或有关方面签发的证件;负责提供有关装运单据。买方的责任是:负责租船或订舱,支付运费,并将船期、船名通知卖方;承担货物装船后的一切费用和风险;负责办理保险及支付保险费,办理在目的港的进口和收货手续;接受卖方提供的有关装运单据,并按合同规定支付货款

核心考点 3　进口设备抵岸价的构成及其计算（必考指数★★★）

构成	计算
货价	货价＝离岸价(FOB 价)×人民币外汇牌价
国外运费	国外运费＝离岸价×运费率 国外运费＝运量×单位运价
国外运保险费	国外运输保险费＝$\dfrac{(离岸价＋国际运费)}{1-国外保险费率}$×国外保险费率
银行财务费	银行财务费＝离岸价×人民币外汇牌价×银行财务费率

构成	计算
外贸手续费	外贸手续费＝进口设备<u>到岸价</u>×人民币外汇牌价×外贸手续率 进口设备到岸价(CIF)＝<u>离岸价(FOB)＋国外运费＋国外运输保险费</u>
进口关税	进口关税＝<u>到岸价</u>×人民币外汇牌价×进口关税率
增值税	进口产品增值税额＝组成计税价格×增值税率 组成计税价格＝<u>到岸价</u>×人民币外汇牌价＋进口关税率＋消费税
消费税	消费税＝$\dfrac{到岸价×人民币外汇牌价＋关税}{1-消费税率}$×消费税率

总结：

该考点的计算公式比较多，在记忆上容易混淆，下面给考生总结一个方法，可以快速地记忆。

（1）在到岸之前会产生 4 个费用，它们是货价、国外运费、国外运输保险费和银行财务费（<u>三费一价</u>），它们的计算基数是<u>离岸价</u>，乘以相应费率或汇率。

（2）在到岸之后会产生 4 个费用，它们是外贸手续费、进口关税、增值税和消费税（<u>三税一费</u>），它们的计算基数是<u>到岸价</u>，乘以相应费率或税率。

（3）特殊的公式是国外运输保险费、消费税，需要特别记忆。

核心考点4　设备运杂费的构成及其计算（必考指数★★）

项目	内容
构成	（1）<u>国产标准设备由设备制造厂交货地点起至工地仓库（或施工组织设计指定的需要安装设备的堆放地点）止所发生的运费和装卸费。</u> 进口设备则由我国到岸港口、边境车站起至工地仓库（或施工组织设计指定的需要安装设备的堆放地点）止所发生的运费和装卸费

项目	内容
构成	(2)在设备出厂价格中没有包含的设备包装和包装材料器具费;在设备出厂价或进口设备价格中如已包括了此项费用,则不应重复计算。 (3)供销部门的手续费。 (4)建设单位(或工程承包公司)的采购与仓库保管费。它是指采购、验收、保管和收发设备所发生的各种费用,包括设备采购、保管和管理人员工资、工资附加费、办公费、差旅交通费、设备供应部门办公和仓库所占固定资产使用费、工具用具使用费、劳动保护费、检验试验费等。这些费用可按主管部门规定的采购保管费率计算
计算	设备运杂费=设备原价×设备运杂费率

第四节　工程建设其他费用、预备费、建设期利息、铺底流动资金组成与计算

核心考点1　工程建设其他费用组成（必考指数★★★）

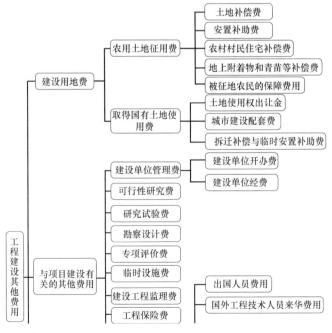

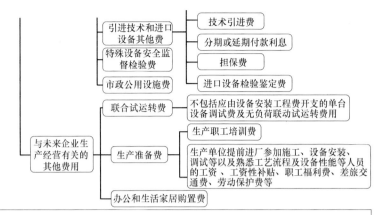

助记：

农用土地征用费：四补一保。

取得国有土地使用费：二补一金一配套。

与项目建设有关的其他费用：一管理二研究，一勘察一评价，临时监理最保险，引进特殊来公用（临近建管特研实，专项设计很艰险）。

核心考点 2　预备费组成和计算（必考指数★★）

构成	内容
基本预备费	基本预备费主要指设计变更及施工过程中可能增加工程量的费用。计算公式为： 基本预备费＝(设备及工器具购置费＋建筑安装工程费＋工程建设其他费)×基本预备费率
涨价预备费	涨价预备费是指在建设期内由于利率、汇率或价格等因素的变化而预留的可能增加的费用。计算公式为： $$P = \sum_{t=1}^{n} I_t \left[(1+f)^m (1+f)^{0.5} (1+f)^{t-1} - 1 \right]$$ 式中　P——涨价预备费； 　　　n——建设期年份数； 　　　I_t——建设期第 t 年的投资计划额，包括工程费用、工程建设其他费用及基本预备费，即第 t 年的静态投资计划额； 　　　f——投资价格指数； 　　　t——建设期第 t 年； 　　　m——建设前期年限(从编制概算到开工建设年数)

核心考点 3　建设期利息的计算（必考指数★★）

在编制投资估算时通常假定借款均在每年的年中支用，借款第一年按半年计息，其余各年份按全年计息。计算公式为：

各年应计利息＝（年初借款本息累计＋本年借款额/2）×年利率

重点提示：

考试时一定要审清问题，命题形式可能是项目第×年的建设期利息，也可能是求项目几年一共的建设期利息。需要注意两个问题：

（1）借款在各年内均衡使用——当年的贷款本金按 1/2 算。为什么用 1/2 呢？原因是当总贷款是分年均衡发放时，建设期利息的计算可按当年借款在年中支用考虑，即当年贷款按半年计息，上年贷款按全年计息。

（2）建设期内只计息不付息——以前年度产生的利息没有还银行，那就作为本金在以后年度继续计算利息。第 1 年产生的利息在第 2 年作为本金；第 1 年和第 2 年产生的利息在第 3 年作为本金。

第三章　建设工程项目投融资

第一节　工程项目资金来源

核心考点 1　项目资本金制度（必考指数★）

项目	内容
项目资本 金的来源	可以用<u>货币</u>出资，也可以用<u>实物、工业产权、非专利技术、土地使用权作价</u>出资。 　以工业产权、非专利技术作价出资的比例不得超过投资项目资本金总额的 <u>20％</u>，国家对采用高新技术成果有特别规定的除外。 　投资者以货币方式认缴的资本金，其资金来源有： 　(1)各级人民政府的财政预算内资金、国家批准的各种专项建设基金、经营性基本建设基金因收的本息、土地批租收入、国有企业产权转让收入、地方人民政府按国家有关规定收取的各种规费及其他预算外资金。 　(2)国家授权的投资机构及企业法人的所有者权益(包括资本金、资本公积金、盈余公积金和未分配利润、股票上市收益等)、企业折旧资金以及投资等按照国家规定从市场上筹措的资金。 　(3)社会个人合法所有的资金。 　(4)国家规定的其他可以用作投资项目资本金的资金
项目资本 金的比例	(1)降低部分基础设施项目最低资本金比例。将港口、沿海及内河航运项目资本金最低比例由 25％降至 20％；对补短板的公路、铁路、城建、物流、生态环保、社会民生等方面基础设施项目。在投资回报机制明确、收益可靠、风险可控的前提下，可适当降低资本金最低比例，下调幅度不超过 5个百分点。 　(2)基础设施领域及其他国家鼓励发展的行业项目，可通过发行权益型、股权类金融工具筹措资本金，但不得超过项目资本金总额的 50％。地方政府可统筹使用财政资金筹集项目资本金
项目资本 金管理	主要使用商业银行贷款的投资项目，投资者应将资本金按分年应到位数量存入其主要贷款银行；主要使用国家开发银行贷款的投资项目，应将资本金存入国家开发银行指定的银行。投资项目资本金只能用于项目建设，不得挪作他用，更不得抽回。有关银行承诺贷款后，要根据投资项目建设进度和资本金到位情况分年发放贷款。 　凡资本金不落实的投资项目，一律不得开工建设

核心考点 2　项目资本金筹措渠道与方式（必考指数★★）

筹措方式		内容
既有法人项目资本金筹措	内部资金来源	(1)企业的现金。 (2)未来生产经营中获得的可用于项目的资金。 (3)企业资产变现。通常包括：短期投资、长期投资、固定资产、无形资产的变现。 (4)企业产权转让
	外部资金来源	(1)企业增资扩股。 (2)优先股。 (3)国家预算内投资
新设法人项目资本金筹措		(1)在新法人设立时由发起人和投资人按项目资本金额度要求提供足额资金。主要形式有： ①在资本市场募集股本资金，包括私募和公开募集。 ②合资合作。 (2)由新设法人在资本市场上进行融资来形成项目资本金

核心考点 3　债务资金筹措渠道与方式（必考指数★★）

项目		内容
信贷方式融资	商业银行贷款	(1)短期贷款：贷款期限在1年以内。 (2)中期贷款：贷款期限1年(超过)～3年。 (3)长期贷款：3年以上期限
	政策性银行贷款	政策性银行贷款利率通常比商业银行贷款利率低
	出口信贷	出口信贷通常不能对设备价款全额贷款，通常只能提供设备价款85％的贷款，设备出口商则给予设备的购买方以延期付款条件。出口信贷利率通常要低于国际上商业银行的贷款利率。 出口信贷通常需要支付一定的附加费用，如管理费、承诺费、信贷保险费等
	银团贷款	使用银团贷款，除了贷款利率之外，借款人还要支付一些附加费用，包括管理费、安排费、代理费、承诺费、杂费等
	国际金融机构贷款	提供项目贷款的主要国际金融机构有：世界银行、国际金融公司、欧洲复兴与开发银行、亚洲开发银行、美洲开发银行等全球性或地区性金融机构等
债券方式融资	优点	(1)筹资成本较低。 (2)保障股东控制权。 (3)发挥财务杠杆作用。 (4)便于调整资本结构

项目		内容
债券方式融资	缺点	(1)可能产生财务杠杆负效应。 (2)可能使企业总资金成本增大。 (3)经营灵活性降低
租赁方式融资	经营租赁	经营租赁是出租方以自己经营的设备租给承租方使用,出租方收取租金。承租方则通过借入设备的方式,节省了项目设备购置投资,或等同于筹集到一笔设备购置资金,承租方只需为此支付一定的租金
	融资租赁	(1)融资租赁是一种融资与融物相结合的融资方式,能够迅速获得所需资产的长期使用权。 (2)融资租赁可以避免长期借款筹资所附加的各种限制性条款,具有较强的灵活性。 (3)融资租赁的融资与进口设备都由有经验和对市场熟悉的租赁公司承担,可以减少设备进口费,从而降低设备取得成本

核心考点4 资金成本的构成、作用与计算（必考指数★）

项目		内容
构成	资金筹集成本	发行股票或债券支付的<u>印刷费</u>、<u>发行手续费</u>、<u>律师费</u>、<u>资信评估费</u>、<u>公证费</u>、<u>担保费</u>、<u>广告费</u>等
	资金使用成本	支付给股东的各种<u>股息和红利</u>、向<u>债权人支付的贷款利息</u>及<u>支付给其他债权人的各种利息费用</u>等
作用		个别资金成本主要用于比较各种筹资方式资金成本的高低,是确定筹资方式的重要依据。 综合资金成本是项目公司资本结构决策的依据。 边际资金成本是追加筹资决策的重要依据
计算		$$K = \frac{D}{P-F} \text{ 或 } K = \frac{D}{P(1-f)}$$ 式中　K——资金成本率; P——筹资资金总额; D——使用费; F——筹资费; f——筹资费费率

第二节　工程项目融资

核心考点 1　项目融资的特点（必考指数★）

$$项目融资的特点\begin{cases}项目导向\\有限追索\\风险分担\\非公司负债型融资\\信用结构多样化\\融资成本较高\\可以利用税务优势\end{cases}$$

核心考点 2　项目融资程序（必考指数★）

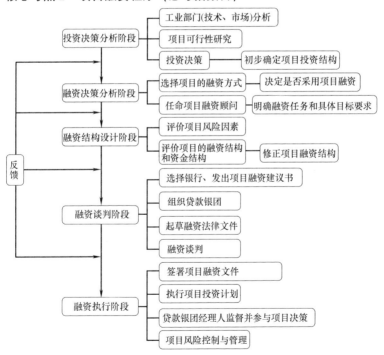

核心考点 3　BOT 方式（必考指数★★）

形式	内容
典型 BOT 方式	项目公司<u>没有项目的所有权</u>,只有建设和经营权
BOOT 方式	项目公司<u>既有经营权又有所有权</u>,政府允许项目公司在一定范围和一定时期内,将项目资产以融资目的抵押给银行,以获得更优惠的贷款条件,从而使项目的产品/服务价格降低,但特许期一般比典型 BOT 方式稍长
BOO 方式	项目公司不必将项目移交给政府(即为永久私有化),目的主要是鼓励项目公司从项目全寿命期的角度合理建设和经营设施,提高项目产品/服务的质量,追求全寿命期的总成本降低和效率的提高,使项目的产品/服务价格更低
BT 方式	投资者仅获得项目的建设权,而项目的经营权则属于政府,BT 融资形式适用于各类基础设施项目,特别是出于安全考虑的必须由政府直接运营的项目。对银行和承包商而言,BT 项目的风险可能比基本的 BOT 项目大

核心考点 4　TOT 方式（必考指数★）

比较	TOT 方式	BOT 方式
融资角度	<u>通过已建成项目为其他新项目</u>进行融资	为<u>筹建中的项目</u>进行融资
运作过程	TOT 方式避开了建造过程中所包含的大量风险和矛盾,并且只涉及转让经营权,不存在产权、股权等问题,在项目融资谈判过程中比较容易使双方愿意达成一致,并且不会威胁国内基础设施的控制权与国家安全	—
东道国政府	通过 TOT 吸引社会资本购买现有的资产,将从两个方面进一步缓解中央和地方政府财政支出的压力:通过经营权的转让得到一部分社会资本,可用于偿还因为基础设施建设而承担的债务,也可作为当前迫切需要建设而难以吸引社会资本的项目;转让经营权后可大量减少基础设施运营的财政补贴支出	—

比较	TOT 方式	BOT 方式
投资者角度	投资者购买的是正在运营的资产和对资产的经营权,资产收益具有确定性,也不需要太复杂的信用保证结构	投资者先要投入资金建设,并要设计合理的信用保证结构,花费时间很长,承担风险大

核心考点 5　ABS 方式（必考指数★）

比较	BOT 方式	ABS 方式
所有权、运营权归属	在特许经营期内是属于项目公司的,在特许期经营结束之后,所有权及与经营权将会移交给政府	所有权在债券存续期内由原始权益人转至 SPV,而经营权与决策权仍属于原始权益人,债券到期后,所有权重新回到原始权益人手中
适用范围	不适用对于关系国家经济命脉或包括国防项目在内的敏感项目	应用更加广泛
资金来源	主要都是民间资本,可以是国内资金,也可以是外资,如项目发起人自有资金、银行贷款等。 ABS 方式强调通过证券市场发行债券这一方式筹集资金	
对项目所在国的影响	会给东道国带来一定负面效应	较少给东道国带来负面效应
风险分散度	主要由政府、投资者/经营者、贷款机构承担	由众多的投资者承担
融资成本	过程复杂、牵涉面广、融资成本因中间环节多而增加	过程简单,降低了融资成本

核心考点 6 　PFI 方式（必考指数★★）

比较	PFI 方式	BOT 方式
适用领域	应用面更广，在一些非营利性的、公共服务设施项目（如学校、医院、监狱等）同样可以采用	主要用于基础设施或市政设施，如机场、港口、电厂、公路、自来水厂等，以及自然资源开发项目
合同类型	服务合同	特许经营合同
承担风险	私营企业承担设计风险	政府承担设计风险
合同期满处理方式	如果私营企业通过正常经营未达到合同规定的收益，可以继续保持运营权	一般会规定特许经营期满后，项目必须无偿交给政府管理及运营

重点提示：
　PFI 通常有三种典型模式，即经济上自立的项目、向公共部门出售服务的项目与合资经营项目。

核心考点 7 　政府和社会资本合作（PPP）模式（必考指数★）

项目	内容
PPP 模式的适用范围	主要适用于政府负有提供责任又适宜市场化运作的基础设施和公共服务类项目，涉及的行业可分为能源、交通运输、水利建设、生态建设和环境保护、市政工程、片区开发、农业、林业、科技、保障性安居工程、旅游、医疗卫生、养老、教育、文化、体育、社会保障、政府基础设施、其他共 19 个一级行业。政府和社会资本合作（PPP）模式不但可以用于新建项目，也可以在存量、在建项目中使用
PPP 项目实施方案的内容	项目概况、风险分配基本框架、项目运作方式、交易结构、合同体系、监管架构、社会资本采购、物有所值与财政承受能力论证

项目		内容
物有所值（VFM）评价方法	定性评价	六项基本评价指标：全生命周期整合程度、风险识别与分配、绩效导向与鼓励创新、潜在竞争程度、政府机构能力、可融资性等。 补充评价指标：项目规模大小、预期使用寿命长短、主要固定资产种类、全生命周期成本测算准确性、运营收入增长潜力、行业示范性等
	定量评价	物有所值定量评价是在假定采用 PPP 模式与政府传统投资方式产出绩效相同的前提下，通过对 PPP 项目全生命周期内政府方净成本的现值（PPP 值）与公共部门比较值（PSC 值）进行比较，判断 PPP 模式能否降低项目全生命周期成本。 PSC 值是以下三项成本的全生命周期现值之和：参照项目的建设和运营维护净成本、竞争性中立调整值、项目全部风险成本。 PPP 值小于或等于 PSC 值的，认定为通过定量评价；PPP 值大于 PSC 值的，认定为未通过定量评价
PPP 项目财政承受能力论证		(1)责任识别。 (2)支出测算。 (3)能力评估

第四章　建设工程决策阶段投资控制

第一节　项目可行性研究

核心考点 1　可行性研究的作用（必考指数★）

可行性研究的作用 ⎰投资决策的依据
⎱筹措资金和申请贷款的依据
⎰编制初步设计文件的依据

核心考点 2　可行性研究的依据（必考指数★）

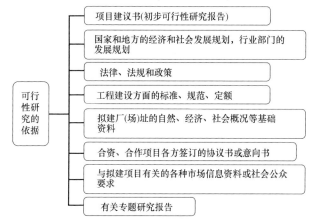

可行性研究的依据
- 项目建议书(初步可行性研究报告)
- 国家和地方的经济和社会发展规划，行业部门的发展规划
- 法律、法规和政策
- 工程建设方面的标准、规范、定额
- 拟建厂(场)址的自然、经济、社会概况等基础资料
- 合资、合作项目各方签订的协议书或意向书
- 与拟建项目有关的各种市场信息资料或社会公众要求
- 有关专题研究报告

核心考点 3　项目可行性研究的内容（必考指数★）

12 项内容
- 项目建设的必要性
- 市场预测分析
  - 产品（服务）市场分析
  - 主要投入物市场预测
  - 市场竞争力分析
  - 营销策略
  - 主要投入物与产出物价格预测
  - 市场风险分析
- 建设方案研究与比选
- 投资估算与资金筹措
- 财务分析
- 经济分析
- 经济影响分析
- 资源利用分析
- 土地利用及移民搬迁安置方案分析
- 社会评价或社会影响分析
- 风险分析
- 研究结论

第二节　资金时间价值

核心考点1　现金流量（必考指数★）

项目	内容
现金流量图的绘制	（1）横轴为时间轴，0表示时间序列的起点，n表示时间序列的终点。轴上每一相等的时间间隔表示一个时间单位（计息周期），一般可取年、半年、季或月等。整个横轴表示的是所考察的经济系统的计算期。 （2）与横轴相连的垂直箭线代表不同时点的现金流入或现金流出。在横轴上方的箭线表示现金流入；在横轴下方的箭线表示现金流出。 （3）垂直箭线的长度要能适当体现各时点现金流量的大小，并在各箭线上方（或下方）注明其现金流量的数值。 （4）垂直箭线与时间轴的交点为现金流量发生的时点（作用点）。 三要素：大小（资金数额）、方向（资金流入或流出）和作用点（资金流入或流出的时间点）
现金流量表	现金流量表也是表示经济系统现金流量的工具。现金流量表中，与时间 t 对应的现金流量表示现金流量发生在当期期末

总结：

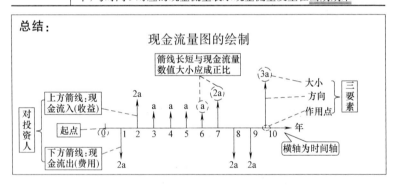

现金流量图的绘制

核心考点2　利息的计算（必考指数★★）

方法	计算公式
单利法	$$I = P \times n \times i$$ 式中　n——计息期数； 　　　i——利率。 n 个计息周期后的本利和为：$F = P(1 + i \times n)$ 式中　F——本利和
复利法	$$I = P[(1+i)^n - 1]$$ $$F = P(1+i)^n$$ 式中　I——利息

166

重点提示：

单利是不论计息周期数为多少，只有本金计息，利息不计利息。复利是本金和利息都要计息。同一笔存款，在 i、n 相同的情况下，复利计算出的利息比单利计算出的利息大。当存款本金越大、利率越高、计息期数越多，两者差距就越大。

核心考点 3 实际利率和名义利率的计算（必考指数★★）

年名义利率	计息期	年计息次(m)	年有效利率	半年有效利率	季有效利率	月有效利率
r	年	1	r	$(1+r)^{\frac{1}{2}}-1$	$(1+r)^{\frac{1}{4}}-1$	$(1+r)^{\frac{1}{12}}-1$
	半年	2	$\left(1+\dfrac{r}{2}\right)^{2}-1$	$\dfrac{r}{2}$	$\left(1+\dfrac{r}{2}\right)^{\frac{1}{2}}-1$	$\left(1+\dfrac{r}{2}\right)^{\frac{1}{6}}-1$
	季	4	$\left(1+\dfrac{r}{4}\right)^{4}-1$	$\left(1+\dfrac{r}{4}\right)^{2}-1$	$\dfrac{r}{4}$	$\left(1+\dfrac{r}{4}\right)^{\frac{1}{3}}-1$
	月	12	$\left(1+\dfrac{r}{12}\right)^{12}-1$	$\left(1+\dfrac{r}{12}\right)^{6}-1$	$\left(1+\dfrac{r}{12}\right)^{3}-1$	$\dfrac{r}{12}$

重点提示：

一个公式：$i_{\text{eff}}=\left(1+\dfrac{r}{m}\right)^{m}-1$

（1）公式中的" $\dfrac{r}{m}$ "的 m＝计息的次数。

（2）指数中的 m＝所求有效利率的时间单位÷计息周期的时间单位。

如果题目所给定的计息周期短于 1 年，比如按半年、季、月计息，或每季计息一次、每季复利一次、按季计算复利等，此时题目所给的已知年利率一定是名义利率（除非题目已说明是年有效利率或年实际利率）。

核心考点 4 复利法资金时间价值计算的基本公式（必考指数★★）

类别	问题	系数表达式	计算公式
一次支付终值（已知 P 求 F）	现在投入的一笔资金,在 n 年末一次收回(本利和)多少?	$F=P(F/P,i,n)$	$F=P(1+i)^n$
一次支付现值（已知 F 求 P）	希望 n 年末有一笔资金,n 年初需要一次投入多少?	$P=F(P/F,i,n)$	$P=F(1+i)^{-n}$
等额支付系列终值（已知 A 求 F）	从现在起每年末投入的一笔等额资金,在 n 年末一次收回(本利和)是多少?	$F=A(F/A,i,n)$	$F=A[(1+i)^n-1]/i$
等额支付系列偿债基金（知 F 求 A）	希望在 n 年末有一笔资金,在 n 年内每年末需要等额投入多少?	$A=F(A/F,i,n)$	$A=F\{i/[(1+i)^n-1]\}$
等额支付系列现值（已知 A 求 P）	希望 n 年内每年年末收回等额资金,现在需要投资多少?	$P=A(P/A,i,n)$	$A=P\{i(1+i)^n/[(1+i)^n-1]\}$
等额支付系列资金回收（已知 P 求 A）	现在投入的一笔资金在 n 年内每年年末的收益是多少?	$A=P(A/P,i,n)$	$P=A[(1+i)^n-1]/[i(1+i)^n]$

第三节 投资估算

核心考点1 项目建议书阶段的投资估算（必考指数★★）

估算方法	公式
生产能力 指数法	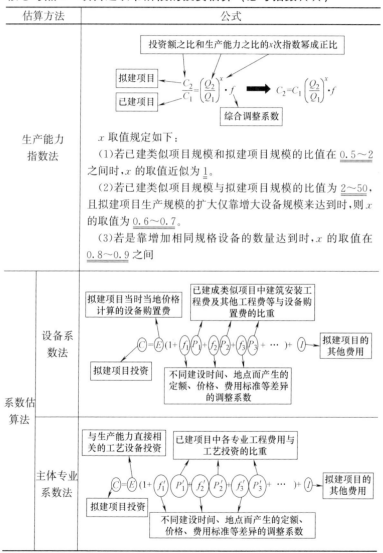 x 取值规定如下： （1）若已建类似项目规模和拟建项目规模的比值在 <u>0.5～2</u> 之间时，x 的取值近似为 <u>1</u>。 （2）若已建类似项目规模与拟建项目规模的比值为 <u>2～50</u>，且拟建项目生产规模的扩大仅靠增大设备规模来达到时，则 x 的取值为 <u>0.6～0.7</u>。 （3）若是靠增加相同规格设备的数量达到时，x 的取值在 <u>0.8～0.9</u> 之间

（系数估算法部分图示：设备系数法、主体专业系数法，见图）

设备系数法公式：
$$C=E(1+f_1P_1+f_2P_2+f_3P_3+\cdots)+I$$

主体专业系数法公式：
$$C=E(1+f_1'P_1'+f_2'P_2'+f_3'P_3'+\cdots)+I$$

估算方法	公式
比例估算法	$I = \dfrac{1}{K} \sum\limits_{i=1}^{n} Q_i P_i$ 拟建项目投资 I；主要设备投资占项目总投资的比重 K；主要设备种类数 n；第 i 种主要设备的单价(到厂价格) P_i；第 i 种主要设备的数量 Q_i
混合法	根据主体专业设计的阶段和深度,投资估算编制者所掌握的国家及地区、行业或部门相关投资估算基础资料和数据,对一个拟建建设项目采用生产能力指数法与比例估算法或系数估算法与比例估算法混合进行估算其相关投资额的方法

核心考点 2　流动资金估算（必考指数★）

项目	公式
流动资产	流动资产＝应收账款＋预付账款＋存货＋现金 (1)应收账款＝年经营成本/应收账款周转次数 (2)预付账款＝预付的各类原材料、燃料或服务年费用/预付账款年周转次数 (3)存货＝外购原材料、燃料＋其他材料＋在产品＋产成品 (4)外购原材料、燃料＝年外购原材料、燃料费用/分项周转次数 (5)其他材料＝年其他材料费用/其他材料周转次数 (6)在产品 $=\dfrac{\text{年外购原材料、燃料＋年工资及福利费＋年修理费＋年其他制造费用}}{\text{在产品年周转次数}}$ (7)产成品＝(年经营成本－年其他营业费用)/产成品周转次数 (8)现金＝(年工资及福利费＋年其他费用)/现金年周转次数 (9)年其他费用＝制造费用＋管理费用＋营业费用－(以上三项费用中所含的工资及福利费、折旧费、摊销费、修理费)
流动负债	流动负债＝应付账款＋预收账款 (1)应付账款＝外购原材料、燃料动力费及其他材料年费用/应付账款周转次数 (2)预收账款＝预收的营业收入年金额/预收账款周转次数

第四节 财务和经济分析

核心考点 1　财务分析的主要指标（必考指数★★）

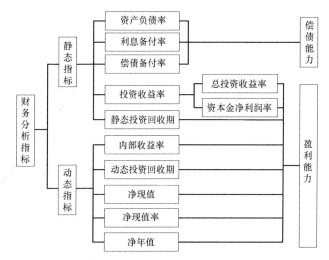

核心考点 2　财务分析主要指标的计算（必考指数★★★）

指标	公式	评价	优点与不足
投资收益率	总投资收益率 = $\dfrac{\text{项目达到设计生产能力后正常年份的年息税前利润或运营期内年平均息税前利润}}{\text{项目总投资}}$	≥基准投资收益率，接受；<基准投资收益率，不可行	优点：经济意义明确、直观，计算简便，在一定程度上反映了投资效果优劣，适用于各种投资规模。 缺点：没有考虑资金时间价值，正常年份选择比较困难，作为主要决策依据不太可靠
	资本金净利润率 = $\dfrac{\text{项目达到设计生产能力后正常年份的年净利润或运营期内平均净利润}}{\text{项目资本金}}$		

指标	公式	评价	优点与不足
静态投资回收期	$P_t = ($累计净现金流量出现正值的年份数$-1) + \dfrac{上一年累计净现金流量的绝对值}{出现正值年份的净现金流量}$	$\leq$基准投资回收期，接受；$>$基准投资回收期，不可行	优点：容易理解，计算比较简便；显示了资本的周转速度。 不足：无法准确衡量在整个计算期内的经济效果
净现值	$NPV = \displaystyle\sum_{t=0}^{n}(CI-CO)_t(1+i_c)^{-t}$	≥ 0，可行；< 0，不可行	优点：考虑了资金的时间价值，并全面考虑了整个计算期内的经济状况；经济意义明确直观；判断直观。 不足：必须首先确定一个基准收益率；互斥方案寿命不等，必须构造一个相同的分析期限；不能反映使用效率，不能直接说经营成果
内部收益率	$IRR = i_1 + \dfrac{NPV_1}{NPV_1 + \mid NPV_2 \mid}(i_2 - i_1)$	$\geq i_c$，接受；$< i_c$，拒绝	优点：考虑了资金的时间价值及整个计算期内的经济状况；不需要事先确定基准收益率。 不足：计算比较麻烦；结果不唯一或不存在

重点提示：

净现值与内部收益率的关系如下图所示。

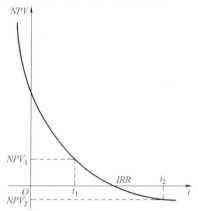

i 增大，净现值减小，i 减小到净现值＝0时，i 值就是财务内部收益率。基准收益率越大，财务净现值越小。

基准收益率的确定一般以行业的平均收益率为基础，同时综合考虑资金成本、投资风险、通货膨胀以及资金限制等影响因素。

对于独立常规方案，$NPV \geqslant 0$，必有 $IRR \geqslant i_c$，反之亦然。两个指标评价结论一致。

核心考点3　项目经济分析与财务分析的联系和区别（必考指数★）

项目		经济分析	财务分析
联系		(1)财务分析是经济分析的基础。 (2)大型项目,经济分析是财务分析的前提	
区别	出发点和目的不同	从国家或地区的角度分析项目对整个国民经济以至于整个社会所产生的收益和成本	站在项目或投资人立场上,从其利益出发分析项目的财务收益与成本
	费用和效益的组成不同	只有当项目的投入或产出能够给国民经济带来贡献时才被视为项目的费用或效益	凡是流出或流入项目的货币收支均视为项目或投资者的费用和效益

项目		经济分析	财务分析
区别	分析对象不同	项目实施引起的国民收入增值和社会耗费	项目或投资人的财务收益与成本
	计量费用与效益的价格尺度不同	关注的是项目对国民经济的贡献,采用体现资源合理有效配置的影子价格计量项目投入和产出物的价值	关注的是项目的实际货币效果,它根据预测的市场交易价格计量项目投入和产出物的价值
	分析内容和方法不同	采用费用与效益分析、成本与效益分析和多目标综合分析等方法	主要采用项目或投资人成本与效益的分析方法
	采用的评价标准和参数不同	净收益、经济净现值、社会折现率等	净利润、财务净现值、市场利率等
	分析时效性不同	多数是按照宏观经济原则进行分析	必须随着国家财税制度的变更而作出相应的变化

第五章　建设工程设计阶段投资控制

第一节　设计方案评选内容和方法

核心考点1　民用建筑设计方案评选内容（必考指数★）

项目		评选内容
建筑与环境关系适用性	与自然环境关系	(1)建筑基地应选择在地质环境条件安全,且可获得天然采光、自然通风等卫生条件的地段。 (2)建筑应结合当地的自然与地理环境特征,集约利用资源,严格控制对自然和生态环境的不利影响。 (3)建筑周围环境的空气、土壤、水体等不应构成对人体的危害
	与人文环境关系	(1)建筑应与基地所处人文环境相协调。 (2)建筑基地应进行绿化,创造优美的环境。 (3)对建筑使用过程中产生的垃圾、废气、废水等废弃物应妥善处理,并应有效控制噪声、眩光等的污染,防止对周边环境的侵害
工程设计方案适用性	规划控制	建筑项目的用地性质、容积率、建筑密度、绿地率、建筑高度及其建筑基地的年径流总量控制率等控制指标,应符合所在地控制性详细规划的有关规定;建筑及其环境设计应满足城乡规划及城市设计对所在区域的目标定位及空间形态、景观风貌、环境品质等控制和引导要求,并应满足城市设计对公共空间、建筑群体、园林景观、市政等环境设施的设计控制要求;建筑设计应注重建筑群体空间与自然山水环境的融合与协调、历史文化与传统风貌特色的保护与发展、公共活动与公共空间的塑造
	场地设计	建筑布局应使建筑基地内的人流、车流与物流合理分流,防止干扰,并应有利于消防、停车、人员集散以及无障碍设施的设置
	建筑物设计	建筑平面应根据建筑的使用性质、功能、工艺等要求合理布局,并具有一定的灵活性;根据使用功能,建筑的使用空间应充分利用日照、采光、通风和景观等自然条件;对有私密性要求的房间,应防止视线干扰;建筑出入口应根据场地条件、建筑使用功能、交通组织以及安全疏散等要求进行设置;建筑层高应结合建筑使用功能、工艺要求和技术经济条件等综合确定

项目		评选内容
工程设计 方案适 用性	室内环境	应从光环境、通风、热湿环境、声环境等方面展开
	建筑设备	应从给水排水、暖通空调、建筑电气、燃气等方面展开
工程设计方案经济、 绿色、美观评选		"经济"不能简单地理解为追求低造价,不能狭隘地理解为投入少就是经济,而要追求全寿命的经济、高性价比的经济。 "绿色"就是要推行绿色设计。绿色设计是指在项目整个寿命周期内,要充分考虑对资源和环境的影响,在充分考虑项目的功能、质量、建设周期和成本的同时,更要优化各种相关因素、着重考虑产品环境属性(可拆卸性、可回收性、可维护性、可重复利用性等)并将其作为设计目标。使项目建设和运行过程中对环境的总体负影响减到最小。 "美观"在建筑上的作用,应从文化层面上理解

核心考点2　工业建筑设计方案评选（必考指数★）

项目	评选内容
工业建筑的 生产工艺	确定工业建筑设计方案的基本出发点是工业建筑的设计要满足生产工艺要求
工业建筑的 建筑技术	建筑技术不仅要求其适用性、坚固和耐用性在一定程度上能够符合工业建筑物的标准使用年限和工业建筑物本身拥有改建、扩大和通用型的可行性,而且应该遵守相关制度规定
工业建筑的 建筑经济	要求工业建筑的设计能够尽可能多地使用联合厂房和正确确定工业建筑物的层数,尽可能降低和减少工业建筑物在材料上的耗损和浪费,尽可能多地采用合理配套、科学先进的建筑结构体系和建筑物施工方案。同时,为了扩大建筑物的使用面积,可以适度地减少一定的结构面积
工业建筑设计的 卫生和安全	在进行工业建筑设计的过程中要确保工业建筑具有充足的通风条件和相关的采光设施,具有能够有效排除生产废弃、有害气体以及余热的相关设备,具有能够达到净化空气、消声隔声以及隔离目标的物质设备,尽可能使室内、室外保持空气清新、环境优美
工业建筑的 结构形式	一般工业建筑的结构形式选择主要是根据生产工艺的材料、施工环境、要求予以抉择的
工业建筑的节能 和绿色设计	工业绿色设计的核心是"3R1D"。工业建筑设计应配合工业绿色设计的要求,从建筑与建筑热工、供暖通风空调与给水排水、电气、能量回收与可再生能源利用等专业满足节能设计要求

核心考点 3　设计方案评选的方法（必考指数★）

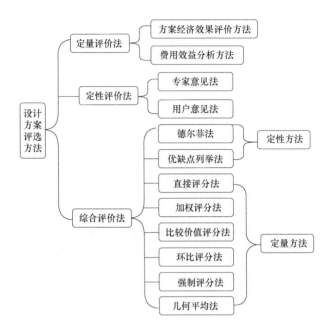

第二节　价值工程方法及其应用

核心考点 1　价值工程方法及特点（必考指数★★）

五个关键点
- "价值"是<u>比较价值</u>
- 3个基本要素：<u>价值、功能、寿命周期成本</u>
- 目标：<u>以最低的寿命周期成本，实现产品必须具备的功能</u>
- 核心：<u>功能分析</u>
- 产品价值、功能、成本整体考虑
- 强调改革和创新

重点提示：
价值工程的工作程序如下图所示。

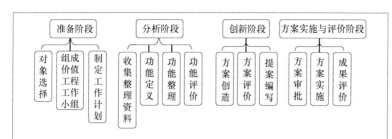

在一定范围内，产品的生产成本与使用及维护成本存在此消彼长的关系。当功能水平逐步提高时，寿命周期成本 $C = C_1 + C_2$，呈马鞍形变化，如下图所示。

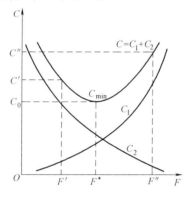

核心考点 2　价值工程对象选择的一般原则（必考指数★）

生产企业的产品组合

(1)结构复杂或落后的产品。
(2)制造工序多或制造方法落后及手工劳动较多的产品。
(3)原材料种类繁多和互换材料较多的产品。
(4)在总体成本中占比重大的产品

由各组成部分组成的产品

(1)造价高的组成部分。
(2)占产品成本比重大的组成部分。
(3)数量多的组成部分。
(4)体积或重量大的组成部分。
(5)加工工序多的组成部分。
(6)废品率高和关键性的组成部分

179

核心考点3　价值工程对象选择的方法（必考指数★★）

选择方法	内容
因素分析法	根据价值工程对象选择应考虑的各种因素,凭借分析人员的经验集体研究确定选择对象
ABC分析法	应用数理统计分析的方法来选择对象。其基本原理为"关键的少数和次要的多数",抓住关键的少数可以解决问题的大部分。 ABC分析法抓住成本比重大的零部件或工序作为研究对象,有利于集中精力重点突破,取得较大效果,同时简便易行
强制确定法	以功能重要程度作为选择价值工程对象
百分比分析法	通过分析某种费用或资源对企业的某个技术经济指标的影响程度的大小(百分比)来选择价值工程对象的方法
价值指数法	通过比较各个对象(或零部件)之间的功能水平位次和成本位次,寻找价值较低对象(或零部件),并将其作为价值工程研究对象

核心考点4　价值工程的功能和价值分析（必考指数★★）

项目		内容
功能定义		以简洁的语言对产品的功能加以描述
功能整理		用系统的观点将已经定义了的功能加以系统化,找出各局部功能相互之间的逻辑关系,并用图表形式表达,以明确产品的功能系统,从而为功能评价和方案构思提供依据。功能整理的结果是形成功能系统图
功能计量		功能的量化方法有很多,如理论计算法、技术测定法、统计分析法、类比类推法、德尔菲法等
功能评价	功能现实成本的计算	需要根据传统的成本核算资料,将产品或零部件的现实成本换算成功能的现实成本
	成本指数C的计算	第i个评价对象的成本指数$C_I = \dfrac{\text{第}i\text{个评价对象的现实成本}C_i}{\text{全部成本}}$

180

项目		内容
功能评价	功能评价值 F 的计算	第 i 个评价对象的功能指数 $F_I=\dfrac{第\,i\,个评价对象的功能得分值\,F_i}{全部功能得分值}$
功能评价	功能价值 V 的计算及分析	(1)功能成本法。其表达式如下： 第 i 个评价对象的价值系数 $V=\dfrac{第\,i\,个评价对象的功能评价值\,F}{第\,i\,个评价对象的现实成本\,C}$ 功能的价值系数计算结果有以下三种情况： ①$V=1$。即功能评价值等于功能现实成本。这表明评价对象的功能现实成本与实现功能所必需的最低成本大致相当。此时，说明评价对象的价值为最佳，一般无需改进。 ②$V<1$。即功能现实成本大于功能评价值。表明评价对象的现实成本偏高，而功能要求不高。这时，一种可能是由于<u>存在着过剩的功能</u>，另一种可能是<u>功能虽无过剩，但实现功能的条件或方法不佳</u>，以致使实现功能的成本大于功能的实际需要。 ③$V>1$。即功能现实成本小于功能评价值，表明该部件功能比较重要，但分配的成本较少。 (2)功能指数法。又称相对值法。其表达式如下： 第 i 个评价对象的价值指数 $V_I=\dfrac{第\,i\,个评价对象的功能指数\,F_I}{第\,i\,个评价对象的成本指数\,C_I}$ 价值指数的计算结果有以下三种情况： ①$V_I=1$。评价对象的功能比重与成本比重大致平衡，合理分配，可以认为功能的现实成本是比较合理的。 ②$V_I<1$。<u>评价对象的成本比重大于其功能比重</u>，表明相对于系统内的其他对象而言，目前所占的成本偏高，从而会导致该对象的功能过剩。应将评价对象列为改进对象，改善方向主要是降低成本。 ③$V_I>1$。<u>评价对象的成本比重小于其功能比重</u>

核心考点 5　价值工程新方案创造（必考指数★）

$$价值工程新方案创造方法\begin{cases}头脑风暴法\\哥顿法\\专家意见法\\专家检查法\end{cases}$$

第三节　设计概算编制和审查

核心考点 1　设计概算的内容和组成（必考指数★★）

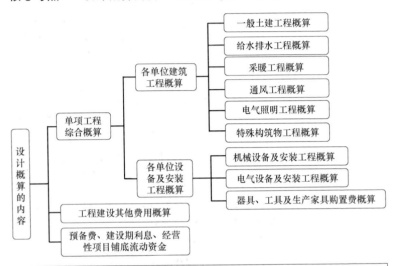

> **重点提示：**
> 三级概算：总概算、综合概算、单位工程概算。
> 二级概算：总概算、单位工程概算。

核心考点 2　设计概算编制办法（必考指数★★）

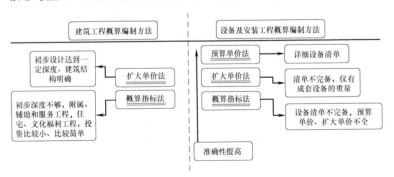

核心考点3　设计概算的审查（必考指数★★）

项目		内容
概算文件的质量要求		设计概算应按编制时项目所在地的<u>价格水平</u>编制,总投资应完整地<u>反映编制时建设项目的实际投资</u>;设计概算应考虑建设项目<u>施工条件</u>等因素对投资的影响;还应按项目<u>合理工期预测建设期价格水平</u>,以及<u>资产租赁和贷款的时间价值</u>等动态因素对投资的影响
设计概算审查的主要内容	审查编制依据	合法性审查、时效性审查、适用范围审查
	审查构成内容	(1)建筑工程概算的审查。①工程量审查,根据初步设计图纸、概算定额、工程量计算规则的要求进行。②采用的定额或指标的审查。③材料价格的审查。④各项费用的审查。 (2)设备及安装工程概算的审查
设计概算审查的方式		一般采用集中会审的方式进行。 设计概算投资一般应控制在立项批准的投资控制额以内;如果设计概算值超过控制额,必须修改设计或重新立项审批;设计概算批准后,一般不得调整;如需修改或调整时,须经<u>原批准部门</u>同意,并重新审批。 出现允许调整概算的情形时,由建设单位调查分析变更原因,报主管部门审批同意后,由原设计单位核实编制调整概算,并按有关审批程序报批。允许调整概算的原因有:<u>①超出原设计范围的重大变更;②超出基本预备费规定范围不可抗拒的重大自然灾害引起的工程变动和费用增加;③超出工程造价调整预备费的国家重大政策性的调整</u>

第四节　施工图预算编制和审查

核心考点1　施工图预算的作用（必考指数★）

项目	内容
对建设单位的作用	(1)确定建设项目造价的依据。 (2)编制最高投标限价的基础。 (3)安排建设资金计划和使用建设资金的依据。 (4)进行计量、拨付进度款及办理结算的依据
对施工单位的作用	(1)确定投标报价的依据。 (2)进行施工准备的依据,是承包人在施工前组织材料、机具、设备及劳动力供应的重要参考,是承包人编制进度计划、统计完成工作量、进行经济核算的参考依据。 (3)控制施工成本的依据
对其他相关方的作用	(1)施工图预算编制的质量好坏,体现了工程咨询企业为委托方提供服务的业务水平、素质和信誉。 (2)施工图预算是工程造价管理部门监督检查企业执行定额标准情况、确定合理的工程造价、测算造价指数及审定招标工程标底的依据。 (3)施工图预算是仲裁、管理、司法机关在处理合同经济纠纷时的重要依据

核心考点2　定额单价法与实物量法编制施工图预算（必考指数★★）

编制方法	定额单价法	实物量法
含义	定额单价法（也称为预算单价法、定额计价法）是用事先编制好的分项工程的单位估价表来编制施工图预算的方法。按施工图及计算规则计算的各分项工程的工程量，乘以相应工料机单价，汇总相加，得到单位工程的人工费、材料费、施工机具使用费之和；再加上按规定程序计算出企业管理费、利润、措施费、其他项目费、规费、税金，便可得出单位工程的施工图预算造价	实物量法编制施工图预算即依据施工图纸和预算定额的项目划分及工程量计算规则，先计算出分部分项工程量，然后套用预算定额（实物量定额）计算出各类人工、材料、机械的实物消耗量，根据预算编制期的人工、材料、机械价格，计算出人工费、材料费、施工机具使用费、企业管理费和利润，再加上按规定程序计算出的措施费、其他项目费、规费、税金，便可得出单位工程的施工图预算造价
基本步骤	(1)准备资料，熟悉施工图纸	
	(2)计算工程量	
	(3)套单价(计算定额基价)	(3)套消耗定额，计算人、料、机消耗量
	(4)工料分析	(4)计算并汇总人工费、材料费、机具使用费
	(5)计算并汇总造价	(5)计算其他各项费用，汇总造价
	(6)复核	
	(7)编制说明、填写封面	

重点提示：

套单价时注意4点：

(1) 名称、规格、计量单位完全一致：直接套用；

(2) 材料品种不一致：按实际；

(3) 施工工艺条件不一致：调量不换价；

(4) 上述三种均不可，编制补充单位估价表。

实物量法编制施工图预算的步骤与定额单价法只在具体计算人工费、材料费和施工机具使用费及汇总3种费用之和方面有一定区别。

实物量法编制施工图预算所用人工、材料和机械台班的单价都是当时当地的实际价格。

核心考点3　工程量清单单价法编制施工图预算（必考指数★★）

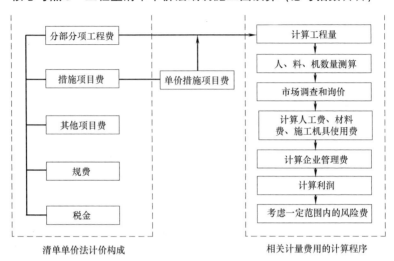

清单单价法计价构成　　　　　　相关计量费用的计算程序

核心考点4　施工图预算的审查内容（必考指数★）

(1)审查施工图预算的编制是否符合现行国家、行业、地方政府有关法律、法规和规定要求。
(2)审查工程量计算的准确性、工程量计算规则与计价规范规则或定额规则的一致性。
(3)审查在施工图预算的编制过程中，各种计价依据使用是否恰当，各项费率计取是否正确；审查依据主要有施工图设计资料、有关定额、施工组织设计、有关造价文件规定和技术规范、规程等。
(4)审查各种要素市场价格选用、应计取的费用是否合理。
(5)审查施工图预算是否超过概算以及进行偏差分析

核心考点5　施工图预算的审查方法（必考指数★★）

审查方法	特点	适用范围
逐项审查法 （全面审查法）	优点：全面、细致，审查质量高、效果好。 缺点：工作量大，时间较长	工程量较小、工艺比较简单的工程

审查方法	特点	适用范围
标准预算审查法	优点：时间短、效果好、易定案。 缺点：适用范围小	仅适用于采用标准图纸的工程
分组计算审查法	审查速度快、工作量小	—
对比审查法	—	当工程条件相同时，用已完工程的预算或未完但已经过审查修正的工程预算对比审查拟建工程的同类工程预算
"筛选"审查法	优点：简单易懂，便于掌握，审查速度快，便于发现问题。 缺点：问题出现的原因尚需继续审查	审查住宅工程或不具备全面审查条件的工程
重点审查法	突出重点，审查时间短、效果好	审查工程量大或者造价较高的各种工程、补充定额、计取的各种费用（计费基础、取费标准）等

第六章 建设工程招标阶段投资控制

第一节 最高投标限价编制

核心考点1 工程量清单的分类、作用与适用范围（必考指数★★）

项目	内容
类型	(1)招标工程量清单。 (2)已标价工程量清单
作用	(1)为投标人的投标竞争提供了一个平等和共同的基础。 (2)建设工程计价的依据。是编制招标工程的最高投标限价的依据。 (3)工程付款和结算的依据。 (4)调整工程量、进行工程索赔的依据
适用范围	(1)工程量清单适用于建设工程发承包及实施阶段的计价活动，包括工程量清单的编制、最高投标限价的编制、投标报价的编制、工程合同价款的约定、工程施工过程中计量与合同价款的支付、索赔与现场签证、竣工结算的办理和合同价款争议的解决以及工程造价鉴定等活动。 (2)现行计价规范规定,使用国有资金投资的工程建设工程发承包项目,必须采用工程量清单计价。 (3)对于非国有资金投资的工程建设项目,是否采用工程量清单方式计价由项目业主自主确定

核心考点2 工程量清单的编制主体、组成（必考指数★★）

项目	内容
编制主体	工程量清单应由具有编制能力的招标人或受其委托,具有相应资质的工程造价咨询人编制。采用工程量清单方式招标,招标工程量清单必须作为招标文件的组成部分,其准确性和完整性由招标人负责
组成	由分部分项工程量清单、措施项目清单、其他项目清单、规费项目清单、税金项目清单组成

核心考点3　分部分项工程项目清单的编制（必考指数★★）

项目	内容
项目编码	01　　05　　05　　001　　××× 　　　　　　　　　　　　　　　第五级为清单项目名称顺序码 　　　　　　　　　　　　　第四级为分项工程项目名称顺序码 　　　　　　　　　第三级为分部工程顺序码 　　　　　　第二级为现行计量规范附录分类顺序码 　　　第一级为现行计量规范附录专业工程代码
项目名称	分部分项工程项目清单的项目名称应按现行计量规范的项目名称结合拟建工程的实际确定。分项工程项目清单的项目名称一般以<u>工程实体</u>命名，项目名称如有缺项，编制人应作补充，并报省级或行业工程造价管理机构备案。补充项目的编码由<u>现行计量规范的专业工程代码X（即01～09）与B和三位阿拉伯数字组成，并应从XB001起顺序编制</u>。分部分项工程项目清单中应附补充项目名称、项目特征、计量单位、工程量计算规则、工作内容
项目特征	在编制的分部分项工程项目清单时，必须对其项目特征进行准确和全面的描述。对有的项目特征用文字往往又难以准确和全面地描述，在描述时应按以下原则进行： 　　（1）项目特征描述的内容应按现行计量规范，结合拟建工程的实际，满足确定综合单价的需要。 　　（2）对采用标准图集或施工图纸能够全部或部分满足项目特征描述要求的，项目特征描述可直接采用详见××图集或××图号的方式。但对不能满足项目特征描述要求的部分，仍应用文字描述
计量 单位	分部分项工程项目清单的计量单位应按现行计量规范规定的计量单位确定。在现行计量规范中有两个或两个以上计量单位的，<u>应结合拟建工程实际情况，确定其中一个为计量单位</u>。同一工程项目计量单位应一致
工程量 计算	现行计量规范明确了清单项目的工程量计算规则，其工程量是以<u>形成工程实体</u>为准，并以<u>完成后的净值</u>来计算的

核心考点 4　其他项目清单的编制（必考指数★★）

清单项目		内容
暂列金额		招标人暂定并包括在合同中的一笔款项。扣除实际发生金额后的暂列金额余额仍属于招标人所有
暂估价	材料暂估价	根据工程造价信息或参照市场价格估算，列出明细表
	工程设备暂估价	
	专业工程暂估价	应分不同专业，按有关计价规定估算，列出明细表
计日工		计日工是为了解决现场发生的零星工作的计价而设立的。计日工对完成零星工作所消耗的人工工时、材料数量、施工机械台班进行计量，并按照计日工表中填报的适用项目的单价进行计价支付
总承包服务费		招标人应当预计该项费用并按投标人的投标报价向投标人支付该项费用

核心考点 5　最高投标限价及确定方法（必考指数★）

项目		内容
招标控制价的编制原则		《建设工程工程量清单计价规范》GB 50500—2013 规定，国有资金投资的建设工程招标，招标人必须编制最高投标限价。最高投标限价应由具有编制能力的招标人或受其委托具有相应资质的工程造价咨询人编制和复核
各项费用及税金的确定方法	分部分项工程费的确定	综合单价应根据拟定的招标文件和招标工程量清单项目中的特征描述及有关要求确定，综合单价还应包括招标文件中划分的应由投标人承担的风险范围及其费用。工程量按国家有关行政主管部门颁布的不同专业的工程量计算规范确定。如招标文件提供了暂估单价材料的，按暂估的单价计入综合单价
	措施项目费的确定	措施项目采用分部分项工程综合单价形式进行计价的工程量，应按措施项目清单中的工程量确定综合单价；以"项"为单位的方式计价的，价格包括除规费、税金以外的全部费用。措施项目费中的安全文明施工费应当按照国家或省级、行业建设主管部门的规定标准计价

191

项目		内容
各项费用及税金的确定方法	其他项目费的确定	(1)暂列金额。应按招标工程量清单中列出的金额填写。 (2)暂估价。暂估价中的材料、工程设备单价、控制价应按招标工程量清单列出的单价计入综合单价。暂估价中专业工程金额应按招标工程量清单中列出的金额填写。 (3)计日工。编制最高投标限价时,对计日工中的人工单价和施工机械台班单价应按省级、行业建设主管部门或其授权的工程造价管理机构公布的单价计算;材料应按工程造价管理机构发布的工程造价信息中的材料单价计算,工程造价信息未发布材料单价的,其价格应按市场调查确定的单价计算。 (4)总承包服务费。编制最高投标限价时,总承包服务费应按照省级或行业建设主管部门的规定计算,或参考相关规范计算
	规费和税金的确定	规费和税金应按国家或省级、行业建设主管部门规定的标准计算
最高投标限价的应用		招标人应在招标文件中如实公布最高投标限价,<u>不得对所编制的最高投标限价进行上浮或下调</u>。招标人在招标文件中应<u>公布最高投标限价各组成部分的详细内容</u>,不得只公布最高投标限价总价,并应将最高投标限价报工程所在地工程造价管理机构备查

第二节　投标报价审核

核心考点 1　投标价格编制原则（必考指数★）

编制原则 {
- 由<u>投标人</u>或受其委托具有相应资质的工程造价咨询人编制
- 依据行业部门的相关规定<u>自主确定</u>
- 执行工程量清单招标的,项目编码、名称、特征、计量单位、工程量必须一致
- <u>不得低于工程成本</u>
- <u>高于最高投标限价的应予废标</u>
}

核心考点 2　投标报价审核方法（必考指数 ★★★）

项目	内容
分部分项工程和措施项目中的综合单价审核	(1)综合单价的确定依据。在招标投标过程中,当出现招标<u>工程量清单特征描述与设计图纸不符</u>时,投标人应以<u>招标工程量清单的项目特征描述</u>为准,确定投标报价的综合单价。若在施工中<u>施工图纸或设计变更导致项目特征与招标工程量清单项目特征描述不一致</u>时,发承包双方应按<u>实际施工的项目特征</u>依据合同约定重新确定综合单价。 (2)材料、工程设备暂估价。招标工程量清单中提供了暂估单价的材料、工程设备,按暂估的单价进入综合单价。 (3)风险费用。招标文件中要求投标人承担的风险内容和范围,投标人应将其考虑到综合单价中
措施项目中的总价项目的报价审核	投标人投标时应根据自身编制的施工组织设计(或施工方案)确定措施项目及报价。 措施项目中的<u>安全文明施工费</u>应按照国家或省级、行业建设主管部门的规定计算,<u>不作为竞争性费用</u>
其他项目费的审核	(1)暂列金额应按照招标工程量清单中列出的金额填写,不得变动。 (2)暂估价不得变动和更改。暂估价中的材料、工程设备必须按照<u>暂估单价计入综合单价</u>;专业工程暂估价必须按照<u>招标工程量清单中列出的金额</u>填写。 (3)计日工应按照招标工程量清单列出的项目和估算的数量,<u>自主确定综合单价</u>并计算计日工金额。 (4)总承包服务费应根据招标工程量列出的专业工程暂估价内容和供应材料、设备情况,按照招标人提出协调、配合与服务要求和施工现场管理需要<u>自主确定</u>
规费和税金的审核	<u>规费和税金</u>必须按国家或省级、行业建设主管部门的规定计算,<u>不得作为竞争性费用</u>

第三节 合同价款约定

核心考点 1　总价合同（必考指数★★★）

项目		内容
固定总价合同	风险承担	采用这种合同,合同总价<u>只有在设计和工程范围发生变更</u>的情况下才能随之作相应的变更,除此之外,合同总价一般不得变动。因此,采用固定总价合同,承包方要承担合同履行过程中的主要风险,要<u>承担实物工程量、工程单价等变化而可能造成损失的风险</u>
	适用范围	(1)<u>工程范围清楚明确,工程图纸完整、详细、清楚</u>,报价的工程量应准确而不是估计数字。 (2)<u>工程量小、工期短</u>,在工程过程中环境因素(特别是物价)变化小,工程条件稳定。 (3)<u>工程结构、技术简单</u>,风险小,报价估算方便。 (4)投标期相对宽裕,承包商可以详细作现场调查,复核工程量,分析招标文件,拟定计划。 (5)合同条件完备,双方的权利和义务关系十分清楚
可调总价合同		在合同执行过程中,由于通货膨胀而使所用的工料成本增加,可对合同总价进行相应的调整。 <u>发包方承担了通货膨胀的风险</u>,而<u>承包方承担合同实施中实物工程量、成本和工期因素等的其他风险</u>。 <u>工期在 1 年以上的工程项目</u>较适于采用这种合同计价方式

核心考点 2　单价合同（必考指数★★）

项目		内容
固定单价合同	估算工程量单价合同	这种合同形式是以工程量清单和相应的综合单价表为基础和依据来计算合同价格的,也称为计量估价合同。 最后的工程结算价应按照<u>实际完成的工程量</u>来计算,即按合同中的分部分项工程单价和实际工程量,计算得出工程结算和支付的工程总价格。 估算工程量单价合同大多用于<u>工期长、技术复杂、实施过程中可能会发生各种不可预见因素较多的建设工程</u>,或<u>在初步设计完成后就拟进行施工招标的工程</u>

194

项目		内容
固定单价合同	纯单价合同	采用纯单价合同时,发包方只向承包方给出发包工程的有关分部分项工程以及工程范围,不对工程量作任何规定。承包方在投标时只需对给定范围的分部分项工程做出报价即可,合同实施过程中按实际完成的工程量进行结算。 这种合同计价方式主要适用于<u>没有施工图,工程量不明,却急需开工的紧迫工程</u>
	可调单价合同	可调单价合同一般是在工程招标文件中规定,合同中签订的单价,根据合同约定的条款进行调整

核心考点3 成本加酬金合同（必考指数★★）

适用范围	合同形式	特点	金额
（1）招标投标阶段工程范围无法界定,缺少工程的详细说明,无法准确估价。 （2）<u>工程特别复杂,工程技术、结构方案不能预先确定。</u> （3）<u>时间特别紧急,要求尽快开工的工程。如抢救,抢险工程。</u>	<u>成本加固定百分比酬金</u>	不利于鼓励承包方降低成本,很少被采用	承包方的实际成本实报实销,同时按照实际成本的固定百分比付给承包方一笔酬金
	<u>成本加固定金额酬金</u>	<u>利于缩短工期</u>	与成本加固定百分比酬金合同相似,不同之处仅在于在成本上所增加的费用是一笔固定金额的酬金
	成本加奖罚	促使承包方关心和降低成本,缩短工期,而且预期成本可以随着设计的进展加以调整。 <u>发承包双方都不会承担太大的风险,应用较多</u>	（1）实际成本＝预期成本:承包商得到实际发生的工程成本和酬金。 （2）实际成本＜预期成本:承包商得到实际发生的工程成本、酬金和预先约定的奖金。 （3）实际成本＞预期成本:承包方可得到实际成本和酬金,但视实际成本高出预期成本的情况,被处以一笔罚金

195

适用范围	合同形式	特点	金额
（4）发包方与承包方之间有着高度的信任，承包方在某些方面具有独特的技术、特长或经验	最高限额成本加固定最大酬金	有利于控制工程投资，并能鼓励承包方最大限度地降低工程成本	（1）实际成本＜预期成本：承包商得到实际发生的工程成本、酬金和预先约定的奖金。 （2）预期成本＜实际成本＜报价成本：承包商得到实际发生的工程成本和酬金。 （3）报价成本＜实际成本＜限额成本：承包商得到实际发生的工程成本。 （4）实际成本＞限额成本：超过部分由承包商承担，发包方不予支付

总结：

量和价
- 固定总价 { 合同总价一般不动，承包方承担风险大 / 适用：工程量小、工期短、技术简单、范围清楚、图纸完整 }
- 固定单价（价固定，量可调） { 纯单价：用于没有施工图、工程量不明、急开工估算工程量单价：用于工期长、技术复杂、初步设计后就招标 }
- 可调价（价可调，量固定） { 可调总价：发包方承担通货膨胀风险，工期1年以上较适用 / 可调单价：适用单价有不确定因素工程、实际结算单价可约定调整 }

成本（按实结）+酬金（按约定）
- 成本加固定百分比酬金：实报实销＋百分比付酬金（最不利）
- 成本加固定金额酬金：成本＋固定酬金
- 成本加奖罚 { 实际成本＝预期成本：成本＋酬金 / 实际成本＜预期成本：成本＋酬金＋约定奖金 / 实际成本＞预期成本：成本＋酬金＋罚金 }
- 最大限额成本加固定最大酬金 { 实际成本＜预期成本：成本＋酬金＋约定奖金 / 预期成本＜实际成本＜报价成本：成本＋酬金 / 报价成本＜实际成本＜限额成本：成本 / 实际成本＞限额成本：超过，发包方不支付 }

196

核心考点 4　影响合同价格方式选择的因素（必考指数★）

影响合同价格方式选择的因素 $\begin{cases}项目的复杂程度 \\ 工程设计工作的深度 \\ 工程施工的难易程度 \\ 工程进度要求的紧迫程度\end{cases}$

核心考点 5　合同价款约定内容（必考指数★）

项目	内容
一般规定	（1）实行招标的工程合同价款应在中标通知书发出之日起30天内，由发承包双方依据招标文件和中标人的投标文件在书面合同中约定。 （2）招标文件与中标人投标文件不一致的地方应以投标文件为准
约定内容	（1）预付工程款的数额、支付时间及抵扣方式。 （2）安全文明施工费的支付计划、使用要求。 （3）工程计量与支付工程价款的方式、额度及时间。 （4）工程价款的调整因素、方法、程序、支付及时间。 （5）施工索赔与现场签证的程序、金额确认与支付时间。 （6）承担计价风险的内容、范围以及超出约定内容、范围的调整办法。 （7）工程竣工价款结算编制与核对、支付及时间。 （8）工程质量保证金的数额、预留方式及时间。 （9）违约责任以及发生工程价款争议的解决方法及时间。 （10）与履行合同、支付价款有关的其他事项

第七章　建设工程施工阶段投资控制

第一节　施工阶段投资目标控制

核心考点 1　投资目标分解（必考指数★）

投资目标分解 $\Big\{$
- 按投资构成分解 $\left\{\begin{array}{l}\text{建筑安装工程投资}\\ \text{设备及工器具购置投资}\\ \text{工程建设其他投资}\end{array}\right.$
- 按子项目分解：单项工程→单位工程→分部工程→分项工程
- 按时间进度分解：网络图

核心考点 2　资金使用计划的形式（必考指数★）

项目	内容
按子项目分解得到的资金使用计划表	在编制投资支出计划时，要<u>在项目总的方面考虑总的预备费</u>，也要在<u>主要的工程分项中安排适当的不可预见费</u>
时间—投资累计曲线	(1)确定工程项目进度计划，编制进度计划的横道图。 (2)根据每单位时间内完成的实物工程量或投入的人力、物力和财力，计算单位时间(月或旬)的投资，在时标网络图上按时间编制投资支出计划。 (3)计算规定时间 t 计划累计完成的投资额。其计算方法为：各单位时间计划完成的投资额累求和，即： $$Q_t = \sum_{n=1}^{t} q_n$$ 式中　Q_t——某时间 t 计划累计完成投资额； 　　　q_n——单位时间 n 的计划完成投资额； 　　　t——某规定计划时刻。 (4)按各规定时间的 Q_t 值，绘制 S 形曲线。 一般而言，所有工作都按<u>最迟开始时间开始</u>，对节约发包人的建设资金贷款利息是有利的，但同时，也<u>降低了项目按期竣工的保证率</u>
综合分解资金使用计划表	综合分解资金使用计划表一方面有助于检查各单项工程和单位工程的投资构成是否合理，有无缺陷或重复计算；另一方面也可以检查各项具体的投资支出的对象是否明确和落实，并可校核分解的结果是否正确

第二节 工程计量

核心考点 1 工程计量的原则与依据（必考指数★）

工程计量 ⎰ 原则 ⎨ 按照合同约定计算规则、图纸及变更指示计量
不符合合同要求的工程，不予计量
承包人超出施工图纸范围的工程量，不予计量
承包人原因造成返工的工程量，不予计量

依据 ⎨ 质量合格证书
工程量计算规范
设计图纸

> **助记：**
> 计量依据：图纸加工程量计规，有合格证书才齐全。

核心考点 2 单价合同与总价合同计量的程序（必考指数★★）

承包人应于每月25日向监理人报送上月20日至当月19日已完成的工程量报告，并附具进度付款申请单、已完成工程量报表和有关资料

⬇

监理人应在收到承包人提交的工程量报告后7天内完成对承包人提交的工程量报表的审核并报送发包人，以确定当月实际完成的工程量

⬇

监理人未在收到承包人提交的工程量报表后的7天内完成审核的，承包人报送的工程量报告中的工程量视为承包人实际完成的工程量，据此计算工程价款

> **重点提示：**
> 监理人对工程量有异议的，有权要求承包人进行共同复核或抽样复测。承包人应协助监理人进行复核或抽样复测，并按监理人要求提供补充计量资料。承包人未按监理人要求参加复核或抽样复测的，监理人复核或修正的工程量视为承包人实际完成的工程量。

核心考点 3　工程计量的方法（必考指数★★）

方法	举例
均摊法	保养测量设备、保养气象记录设备、维护工地清洁和整洁等项目的计量
凭据法	建筑工程险保险费、第三方责任险保险费、履约保证金等项目的计量
估价法	为监理人提供测量设备、天气记录设备、通信设备等项目的计量
断面法	主要用于取土坑或填筑路堤土方的计量
图纸法	混凝土构筑物的体积、钻孔桩的桩长等项目的计量
分解计量法	将一个项目根据工序或部位分解为若干子项。对完成的各子项进行计量支付

> **助记：**
>
> 　　每月均摊、保险凭据、设备估价、土方断面、图纸尺寸、包干分解。
>
> 　　一般只对三方面项目进行计量：清单中的全部项目、合同中规定的项目、工程变更项目。

第三节　合同价款调整

核心考点 1　法律法规变化价款调整（必考指数★）

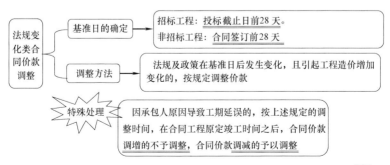

重点提示：
注意区分招标工程与非招标工程的基准日。

核心考点 2 工程量清单缺项的价款调整（必考指数★）

项目	内容
导致工程量清单缺项的原因	(1)设计变更。 (2)施工条件改变。 (3)工程量清单编制错误
价款调整规定	(1)合同履行期间，由于招标工程量清单中缺项，新增分部分项工程量清单项目的，应按照规范中工程变更相关条款确定单价，并调整合同价款。 (2)新增分部分项工程量清单项目后，引起措施项目发生变化的，应按照规范中工程变更相关规定，在承包人提交的实施方案被发包人批准后调整合同价款。 (3)由于招标工程量清单中措施项目缺项，承包人应将新增措施项目实施方案提交发包人批准后，按照规范相关规定调整合同价款

核心考点 3 工程量偏差的价款调整（必考指数★★★）

项目	内容
价款调整规定	(1)对于任一招标工程量清单项目，如果因工程量偏差和工程变更等原因导致工程量偏差超过15％时，可进行调整。当工程量增加15％以上时，增加部分的工程量的综合单价应予调低；当工程量减少15％以上时，减少后剩余部分的工程量的综合单价应予调高。 (2)如果工程量出现超过15％的变化，且该变化引起相关措施项目相应发生变化时，按系数或单一总价方式计价的，工程量增加的措施项目费调增，工程量减少的措施项目费调减

项目	内容
工程量偏差超过 15% 时的调整方法	(1)当 $Q_1 > 1.15Q_0$ 时: $$S = 1.15Q_0 \times P_0 + (Q_1 - 1.15Q_0) \times P_1$$ (2)当 $Q_1 < 0.85Q_0$ 时: $$S = Q_1 \times P_1$$ 式中 S——调整后的某一分部分项工程费结算价; Q_1——最终完成的工程量; Q_0——招标工程量清单列出的工程量; P_1——按照最终完成工程量重新调整后的综合单价; P_0——承包人在工程量清单中填报的综合单价
工程量偏差项目综合单价的调整方法	(1)当 $P_0 < P_2 \times (1-L) \times (1-15\%)$ 时,该类项目的综合单价: P_1 按照 $P_2 \times (1-L) \times (1-15\%)$ 调整 (2)当 $P_0 > P_2 \times (1+15\%)$ 时,该类项目的综合单价: P_1 按照 $P_2 \times (1+15\%)$ 调整 (3)当 $P_0 > P_2 \times (1-L) \times (1-15\%)$ 或 $P_0 < P_2 \times (1+15\%)$ 时,可不予调整。 式中 P_0——承包人在工程量清单中填报的综合单价; P_2——发包人在最高投标限价相应项目的综合单价; L——计价规范中定义的承包人报价浮动率

核心考点 4 物价变化的价款调整（必考指数★★）

1. 采用价格指数进行价格调整

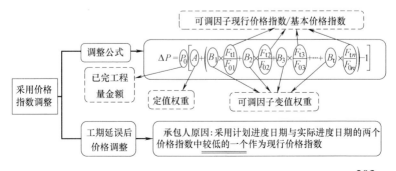

203

2. 采用造价信息进行价格调整

项目	内容			
人工单价变化	发承包双方应按省级或行业建设主管部门或其授权的工程造价管理机构发布的人工成本文件调整合同价款			
材料、工程设备价格变化	条件	材料单价	计算基础	调整
	材料单价<基准单价	跌幅	以**投标报价**为基础超过合同约定的风险幅度值时	超过部分据实调整
		涨幅	以**基准价格**为基础超过合同约定的风险幅度值时	
	材料单价>基准单价	跌幅	以**基准价格**为基础超过合同约定的风险幅度值时	
		涨幅	以**投标报价**为基础超过合同约定的风险幅度值时	
	材料单价=基准单价	跌幅或涨幅	以**基准价格**为基础超过合同约定的风险幅度值时	
施工机械台班单价或施工机械使用费发生变化	超过省级或行业建设主管部门或其授权的工程造价管理机构规定的范围时,按其规定调整合同价款			

核心考点5 暂估价的价款调整（必考指数★）

项目	给定暂估价的材料和工程设备	给定暂估价的专业工程
不属于依法必须招标	由承包人按照合同约定采购,经发包人确认后以此为依据取代暂估价,调整合同价款	按照工程变更事件的合同价款调整方法,确定专业工程价款,并以此为依据取代专业工程暂估价,调整合同价款

204

项目	给定暂估价的材料和工程设备	给定暂估价的专业工程
属于依法必须招标	由发承包双方以招标的方式选择供应商,确定价格,并以此为依据取代暂估价,调整合同价款	(1)除合同另有约定外,承包人不参加投标的专业工程,应由<u>承包人作为招标人</u>。与组织招标工作有关的费用应当被认为已经包括在承包人的签约合同价(投标总报价)中。 (2)承包人参加投标的专业工程,应由<u>发包人作为招标人</u>,与组织招标工作有关的费用由发包人承担。同等条件下,应优先选择<u>承包人</u>中标。 (3)专业工程依法进行招标后,以<u>中标价</u>为依据取代专业工程暂估价,调整合同价款

核心考点6　不可抗力造成损失的承担（必考指数★★）

不可抗力造成损失	谁承担
合同工程本身的损害、因工程损害导致第三方人员伤亡和财产损失以及运至施工场地用于施工的材料和待安装的设备的损害	<u>发包人</u>
发包人人员伤亡	
管理及保卫人员费用	
清理、修复费用	
承包人人员伤亡	<u>承包人</u>
机械设备损坏及停工损失	

核心考点7　提前竣工（赶工补偿）的价款调整（必考指数★）

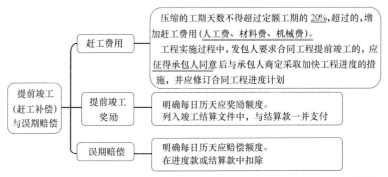

提前竣工（赶工补偿）与误期赔偿

赶工费用
压缩的工期天数不得超过定额工期的<u>20%</u>,超过的,增加赶工费用(人工费、材料费、机械费)。
工程实施过程中,发包人要求合同工程提前竣工的,应<u>征得承包人同意</u>后与承包人商定采取加快工程进度的措施,并应修订合同工程进度计划

提前竣工奖励
明确每日历天应奖励额度。
列入竣工结算文件中,与结算款一并支付

误期赔偿
明确每日历天应赔偿额度。
在进度款或结算款中扣除

核心考点8 暂列金额的价款调整（必考指数★）

项目	内容
概念	暂列金额是指招标人在工程量清单中暂定并包括在合同价款中的一笔款项。用于工程合同签订时尚未确定或者不可预见的所需材料、工程设备、服务的采购，施工中可能发生的工程变更、合同约定调整因素出现时的合同价款调整以及发生的索赔、现场签证确认等的费用
使用	已签约合同价中的暂列金额由<u>发包人</u>掌握使用。发包人按照合同的规定做出支付后，如有剩余，则暂列金额余额归<u>发包人</u>所有

第四节　工程变更价款确定

核心考点1 已标价工程量清单项目或其工程数量发生变化的调整办法（必考指数★）

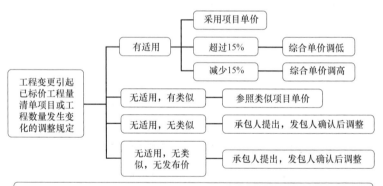

(1)实行招标的工程：承包人报价浮动率L=(1-中标价/最高投标限价)×100%。
(2)不实行招标的工程：承包人报价浮动率L=(1-报价值/施工图预算)×100%
注意：不含安全文明施工费的

核心考点2 措施项目费的调整（必考指数★）

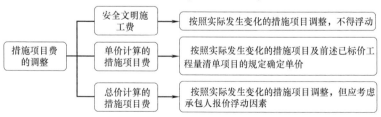

206

第五节 施工索赔与现场签证

核心考点 1 索赔的主要类型（必考指数★★）

承包人向发包人的索赔	发包人向承包人的索赔
(1)不利的自然条件与人为障碍引起的索赔：①地质条件变化引起的索赔；②工程中人为障碍引起的索赔。 (2)工程变更引起的索赔。 (3)工期延期的费用索赔。 (4)加速施工费用的索赔。 (5)发包人不正当地终止工程而引起的索赔。 (6)法律、货币及汇率变化引起的索赔。 (7)拖延支付工程款的索赔。 (8)特别事件	(1)工期延误索赔。一般要考虑以下因素： ①发包人盈利损失； ②由于工程拖期而引起的贷款利息增加； ③工程拖期带来的附加监理费； ④由于工程拖期不能使用，继续租用原建筑物或租用其他建筑物的租赁费 (2)质量不满足合同要求索赔。 (3)承包人不履行的保险费用索赔。 (4)对超额利润的索赔。 (5)发包人合理终止合同或承包人不正当地放弃工程的索赔

> **重点提示：**
>
> 2017 版 FIDIC《施工合同条件》对特别事件的定义：例外事件系指某种异常事件或情况：一方无法控制的；该方在签订合同前，不能对之进行合理准备的；发生后，该方不能合理避免或克服的；不能主要归因他方的。

核心考点 2 《标准施工招标文件》中承包人索赔可引用的条款（必考指数★★）

主要内容	可补偿内容		
	工期	费用	利润
施工过程中发现文物、古迹以及其他遗迹、化石、钱币或物品	√	√	
承包人遇到不利物质条件	√	√	
发包人要求向承包人提前交付材料和工程设备		√	

主要内容	可补偿内容		
	工期	费用	利润
发包人提供的材料和工程设备不符合合同要求	√	√	√
发包人提供资料错误导致承包人的返工或造成工程损失	√	√	
发包人的原因造成工期延误	√	√	√
异常恶劣的气候条件	√		
发包人要求承包人提前竣工		√	√
发包人原因引起的暂停施工	√	√	√
发包人原因引起造成暂停施工后无法按时复工	√	√	√
发包人原因造成工程质量达不到合同约定验收标准的	√	√	√
监理人对隐蔽工程重新检查,经检验证明工程质量符合合同要求的	√	√	√
法律变化引起的价格调整		√	
发包人在全部工程竣工前,使用已接受的单位工程导致承包人费用增加的	√	√	√
发包人的原因导致试运行失败的		√	√
发包人原因导致的工程缺陷和损失		√	√
不可抗力	√	√	

核心考点 3　2017 版 FIDIC《施工合同条件》中承包商向业主索赔可引用的明示条款（必考指数★）

名称	可索赔内容	名称	可索赔内容
图纸或指示的延误	$T+C+P$	对竣工试验的干扰	$T+C+P$
遵守法律	$T+C+P$	接收后的进入权	$C+P$
现场进入权	$T+C+P$	承包商的调查	$C+P$
合作	$T+C+P$	要求提交建议书的变更	C
整改措施,延迟和/或成本的商定或决定	$T+C+P$	因法律改变的调整	$T+C$
延误和/或费用	$T+C$	业主自便终止合同	$C+P$
进场道路	$T+C$	承包商暂停的权利	$T+C+P$
考古和地理发现	$T+C$	承包商的终止	$T+C+P$
承包商试验	$T+C+P$	合同终止后承包商的义务	$C+P$
修补工作	$T+C+P$	由承包商终止后的付款	$C+P$
竣工时间的延长	T	工程照管的责任	$T+C+P$
当局造成的延误	T	知识和工业产权	C
业主暂停的后果	$T+C+P$	例外事件的后果	$T+C$
延误的试验	$T+C+P$	自主选择终止	$C+P$
部分工程的接收	$C+P$	根据法律解除履约	$C+P$

注:工期 T、费用 C、利润 P。

总结：

FIDIC 版《施工合同条件》下承包商向业主的索赔

1. 成本的索赔（条件最宽）

除"竣工时间的延长""当局造成的延误"外，只要是非承包商责任（或原因）引起的导致成本增加的事件，一般都可以进行索赔。

2. 工期索赔

除以下 10 种没有条件或没必要进行工期索赔的情况外，当总工期受到影响且非承包商责任时，一般都可以进行工期索赔。

（1）部分工程的接收——业主已经接收了，还谈何延长工期？

（2）接收后的进入权——已经进入使用，还谈何延长工期？

（3）承包商的调查——调查对施工干扰较小，对总工期的影响可忽略。

（4）要求提交建议书的变更——提交建议书会涉及费用问题。

（5）业主自便终止合同——合同终止，工期也无必要延长。

（6）合同终止后承包商的义务——承包商的义务不涉及工期的延长。

（7）由承包商终止后的付款——付款不涉及工期的延长。

（8）知识和工业产权——产权不涉及工期的延长。

（9）自主选择终止——都已经终止了，工期也无必要延长。

（10）根据法律解除履约——解除履约，工期也无必要延长。

3. 利润索赔（条件最严）

除下列不能索赔利润的情况外，其他可用的索赔条款均可索赔利润。

（1）延误和/或费用。

（2）进场道路。

（3）考古和地理发现。

（4）竣工时间的延长。

（5）当局造成的延误。

（6）要求提交建议书的变更。

（7）因法律改变的调整。

（8）知识和工业产权。

（9）例外事件的后果。

核心考点 4　索赔费用的组成（必考指数★★★）

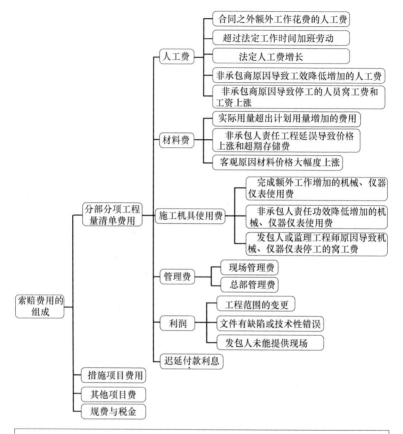

重点提示：

　　施工机具使用费索赔中，如是承包人自有设备，一般按台班折旧费计算。

　　总部管理费的计算有以下几种：

　　（1）按照投标书中总部管理费的比例（3%～8%）计算：

　　总部管理费＝合同中总部管理费比率（%）×（人、料、机费用索赔额＋现场管理费索赔款额等）

　　（2）按照公司总部统一规定的管理费比率计算：

总部管理费=公司管理费比率（％）×（人、料、机费用索赔款额＋现场管理费索赔款额等）

（3）以工程延期的总天数为基础，计算总部管理费的索赔额，计算步骤如下：

对某一工程提取的管理费=同期内公司的总管理费×该工程的合同额/同期内公司的总合同额

该工程的每日管理费=该工程向总部上缴的管理费/合同实施天数

索赔的总部管理费=该工程的每日管理费×工程延期的天数

核心考点5　索赔费用的计算方法（必考指数★）

核心考点6　现场签证的范围（必考指数★）

现场签证的范围 —— (1)适用于施工合同范围以外零星工程的确认。
(2)在工程施工过程中发生变更后需要现场确认的工程量。
(3)非承包人原因导致的人工、设备窝工及有关损失。
(4)符合施工合同规定的非承包人原因引起的工程量或费用增减。
(5)确认修改施工方案引起的工程量或费用增减。
(6)工程变更导致的工程施工措施费增减等

第六节　合同价款期中支付

核心考点1　预付款的支付与扣回（必考指数★）

项目		内容
支付	额度	包工包料工程的预付款的支付比例<u>不得低于签约合同价（扣除暂列金额）的10%</u>，<u>不宜高于签约合同价（扣除暂列金额）的30%</u>。对重大工程项目，按年度工程计划逐年预付
	时间	发包人应在收到支付申请的<u>7天</u>内进行核实后向承包人发出预付款支付证书，并在签发支付证书后的<u>7天</u>内向承包人支付预付款

项目	内容
扣回	起扣点的计算公式: $$T = P - \frac{M}{N}$$ 式中　T——起扣点,即工程预付款开始扣回的累计已完工程价值; 　　　P——承包工程合同总额; 　　　M——工程预付款数额; 　　　N——主要材料及构件所占比重

核心考点 2　安全文明施工费的支付（必考指数★）

项目	内容
支付时间及额度	发包人应在工程开工后的 <u>28 天</u>内预付不低于当年施工进度计划的<u>安全文明施工费总额的 60%</u>,其余部分按照提前安排的原则进行分解,与进度款同期支付
使用规定	承包人对安全文明施工费应<u>专款专用</u>,在财务账目中<u>单独列项备查</u>,<u>不得挪作他用</u>,否则发包人有权要求其限期改正;逾期未改正的,造成的损失和延误的工期由承包人承担

核心考点 3　进度款的支付（必考指数★）

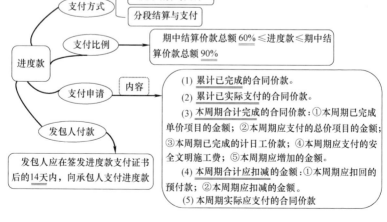

第七节 竣工结算与支付

核心考点 1　工程竣工结算的计价原则（必考指数★）

项目		计价原则
单价项目		分部分项工程和措施项目中的单价项目应依据双方确认的工程量与已标价工程量清单的综合单价计算；如发生调整的，应以发承包双方确认调整的综合单价计算
总价项目		措施项目中的总价项目应依据已标价工程量清单的项目和金额计算；发生调整的，应以发承包双方确认调整的金额计算，其中安全文明施工费应按国家或省级、行业建设主管部门的规定计算
其他项目	计日工	按发包人实际签证确认的事项计算
	暂估价	按计价规范相关规定计算
	总承包服务费	依据已标价工程量清单的金额计算；发生调整的，应以发承包双方确认调整的金额计算
	索赔费用	依据发承包双方确认的索赔事项和金额计算
	现场签证费用	依据发承包双方签证资料确认的金额计算
	暂列金额	应减去工程价款调整（包括索赔、现场签证）金额计算，如有余额归发包人
规费和税金		按国家或省级、建设主管部门的规定计算
工程计量结果和合同价款		发承包双方在合同工程实施过程中已经确认的工程计量结果和合同价款，在竣工结算办理中应直接进入结算

核心考点 2　竣工结算款支付（必考指数★）

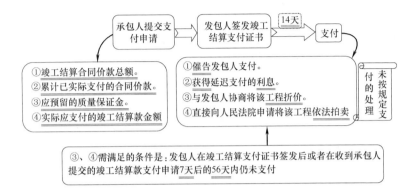

核心考点 3　质量保证金（必考指数★）

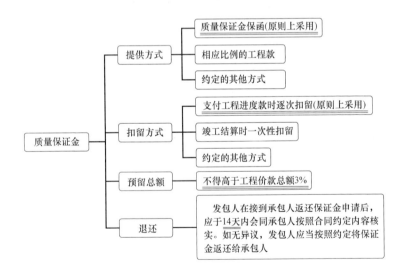

第八节　投资偏差分析

核心考点 1　赢得值法（必考指数★★★）

1. 3 个基本参数

参数	计算	说明	理想状态
已完工作预算投资（BCWP）	Σ（已完成工作量×预算单价）	实际希望支付的金额（执行预算）	ACWP、BCWS、BCWP 三条曲线靠得很近、平稳上升，表示项目按预定计划目标进行。如果三条曲线离散度不断增加，预示可能发生关系项目成败的重大问题
计划工作预算投资（BCWS）	Σ（计划工作量×预算单价）	希望支付的金额（计划预算）	
已完工作实际投资（ACWP）	Σ（已完成工作量×实际单价）	实际支付的金额（执行成本）	

2. 赢得值法 4 个评价指标

指标	计算	记忆	评价	记忆	说明	意义
投资偏差（CV）	BCWP－ACWP	两"已完"相减，预算减实际	<0，超支；>0，节支	得负不利，得正有利	反映的是绝对偏差，仅适合于对同一项目作偏差分析	在项目的投资、进度综合控制中引入赢得值法，可以克服过去进度、投资分开控制的缺点。赢得值法即可定量地判断进度、投资的执行效果
进度偏差（SV）	BCWP－BCWS	两"预算"相减，已完减计划	<0，延误；>0，提前			
投资绩效指数（CPI）	BCWP/ACWP	—	<1，超支；>1，节支	大于1有利；小于1不利	反映的是相对偏差，在同一项目和不同项目比较中均可采用	
进度绩效指数（SPI）	BCWP/BCWS	—	<1，延误；>1，提前			

核心考点2 偏差原因分析（必考指数★）

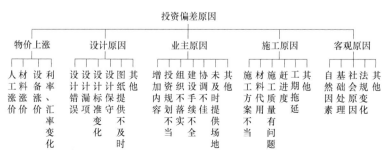

215

助记：

物价上涨：人材设价涨，利率汇率变。

设计原因：设计错漏设标变，图纸延误有其他。

业主原因：增资组织手续少，场地延时协调差。

施工原因：方案质量有问题，才（材）赶工期拖延。

客观原因：社会法律变，自然基础有其他。

纠偏的主要对象是发包人原因和设计原因造成的投资偏差。

《建设工程进度控制》

第一章　建设工程进度控制概述

第一节　建设工程进度控制的概念

核心考点 1　影响进度的因素分析（必考指数★★★）

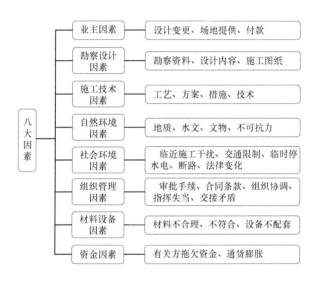

重点提示：
　　本考点在考试时只考查一种题型，就是判断备选项中的因素属于哪类因素。

核心考点 2 进度控制的措施（必考指数★★★）

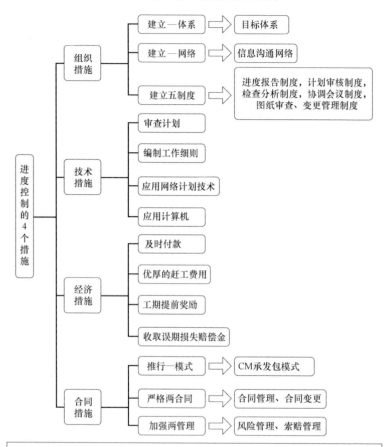

重点提示：

（1）凡中心意思是"建立……制度""建立……体系"或"建立……沟通网络"的，有关人员及职责分工的，都为组织措施。

（2）含有技术性质的工作，为技术措施。

（3）直接与"钱"有关，比如奖励、赔偿、支付、收款、费用等，都为经济措施。

（4）带有"合同"一词，推行 CM 承发包模式、风险、索赔的，都为合同措施。

进度控制的措施是每年的高频考点，考试时四个措施会相互作为干扰选项出现。考试题型有两种：
① 题干中给出采取的具体进度控制措施，判断属于哪类措施。
② 题干中给出措施类型，判断备选项中符合这类型的措施。

核心考点3　建设工程实施阶段进度控制的主要任务（必考指数★★★）

阶段	主要任务	
设计准备阶段	(1)收集有关工期的信息,进行工期目标和进度控制决策。 (2)编制工程项目总进度计划。 (3)编制设计准备阶段详细工作计划,并控制其执行。 (4)进行环境及施工现场条件的调查和分析	
设计阶段	(1)编制设计阶段工作计划,并控制其执行。 (2)编制详细的出图计划,并控制其执行	在设计阶段和施工阶段,监理工程师不仅要审查设计单位和施工单位提交的进度计划,更要编制监理进度计划
施工阶段	(1)编制施工总进度计划,并控制其执行。 (2)编制单位工程施工进度计划,并控制其执行。 (3)编制工程年、季、月实施计划,并控制其执行	

核心考点4　建设项目总进度目标的论证（必考指数★★）

项目	内容
总进度目标论证的工作内容	(1)总进度目标论证指的是整个项目的进度目标,在项目决策阶段项目定时确定,项目管理的主要任务是在项目的实施阶段对项目的目标进行控制。 (2)项目实施阶段,项目总进度包括设计前准备阶段工作进度、设计工作进度、招标工作进度、施工前准备工作进度、工程施工和设备安装进度、项目动用前的准备工作进度。 (3)大型建设项目总进度目标论证的核心工作是通过编制总进度纲要论证总进度目标实现的可能性。 　总进度纲要的主要内容包括： (1)项目实施的总体部署； (2)总进度规划； (3)各子系统进度规划； (4)确定里程碑事件的计划进度目标； (5)总进度目标实现的条件和应采取的措施等

项目	内容
总进度目标论证的工作步骤	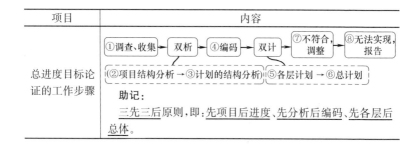 助记： 三先三后原则，即：先项目后进度、先分析后编码、先各层后总体。

重点提示：

（1）给出某几项工作，判断正确的顺序。这类型题目一般在题干中告诉我们这8个步骤中的4～6个步骤，让我们选择正确的工作顺序。

（2）给出其中一项工作，判断其紧前或者紧后的工作。

第二节　建设工程进度控制计划体系

核心考点1　建设单位的计划系统（必考指数★★★）

类别	编制依据	表格部分	表的目的和作用
工程项目前期工作计划	在预测的基础上编制	工程项目前期工作计划	指对可行性研究、项目评估及初步设计的工作进度安排，可使工程项目前期决策阶段各项工作的时间得到控制
工程项目建设总进度计划	初步设计	工程项目一览表	工程项目一览表将初步设计中确定的建设内容，按照单位工程归类并编号，明确其建设内容和投资额，以便各部门按统一的口径确定工程项目投资额，并以此为依据对其进行管理
		工程项目总进度计划	根据初步设计中确定的建设工期和工艺流程，具体安排单位工程的开工日期和竣工日期

类别	编制依据	表格部分	表的目的和作用
工程项目建设总进度计划	初步设计	投资计划年度分配表	根据工程项目总进度计划安排各个年度的投资,以便预测各个年度的投资规模,为筹集建设资金或与银行签订借款合同及制定分年用款计划提供依据
		工程项目进度平衡表	用来明确各种设计文件交付日期、主要设备交货日期、施工单位进场日期、水电及道路接通日期等,以保证工程建设中各个环节相互衔接,确保工程项目按期投产或交付使用
工程项目年度计划	项目建设总进度计划及批准的设计文件	年度计划项目表	将确定年度施工项目的投资额和年末形象进度,并阐明建设条件(图纸、设备、材料、施工力量)的落实情况
		年度竣工投产交付使用计划表	将阐明各单位工程的建筑面积、投资额、新增固定资产、新增生产能力等建筑总规模及本年计划完成情况,并阐明其竣工日期
		年度建设资金平衡表	—
		年度设备平衡表	—

重点提示:

(1)三大类计划中,工程项目年度计划的各项表格全部带有"年度"一词,并以初步设计为依据。而带有"年度"及"本年"字样的一般也属于工程项目年度计划的内容,但投资计划年度分配表是个特例,它属于工程项目建设总进度计划。

(2)工程项目前期工作计划只有一种表格,标志是"前期"一词。

(3)除上述两类外,其他的均属于工程项目建设总进度计划。

核心考点2　监理单位、设计单位、施工单位的计划系统（必考指数★）

项目	计划系统
监理单位	(1)监理总进度计划：是依据<u>工程项目可行性研究报告、工程项目前期工作计划和工程项目建设总进度计划</u>编制的。 (2)监理总进度分解计划
设计单位	(1)设计总进度计划。 (2)阶段性设计进度计划：设计准备工作进度计划、初步设计（技术设计）工作进度计划、施工图设计工作进度计划。 (3)设计作业进度计划：应根据<u>施工图设计工作进度计划、单位工程设计工日定额及所投入的设计人员数</u>编制
施工单位	施工准备工作计划、施工总进度计划、单位工程施工进度计划及分部分项工程进度计划

第三节　建设工程进度计划的表示方法和编制程序

核心考点1　建设工程进度计划的表示方法（必考指数★★★）

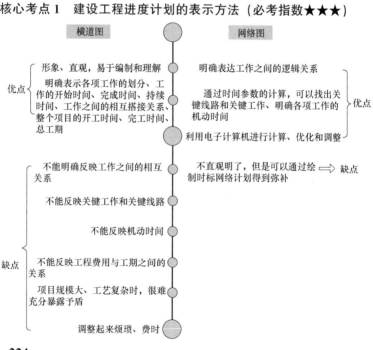

核心考点 2　建设工程进度计划的编制程序（必考指数★）

编制阶段	编制步骤	编制阶段	编制步骤
Ⅰ.计划准备阶段	(1)调查研究。 (2)确定进度计划目标	Ⅲ.计算时间参数及确定关键线路阶段	(6)计算工作持续时间。 (7)计算网络计划时间参数。 (8)确定关键线路和关键工作
Ⅱ.绘制网络图阶段	(3)进行项目分解。 (4)分析逻辑关系。 (5)绘制网络图	Ⅳ.网络计划优化阶段	(9)优化网络计划。 (10)编制优化后网络计划

第二章　流水施工原理

第一节 基本概念

核心考点 1　组织施工方式及特点（必考指数★★）

依次施工	平行施工	流水施工
（1）没有充分地利用工作面进行施工，工期长。 （2）如果按专业成立工作队，则各专业队不能连续作业，有时间间歇，劳动力及施工机具等资源无法均衡使用。 （3）如果由一个工作队完成全部施工任务，则不能实现专业化施工，不利于提高劳动生产率和工程质量。 （4）单位时间内投入的劳动力、施工机具、材料等资源量较少，有利于资源供应的组织。 （5）施工现场的组织、管理比较简单	（1）充分地利用工作面进行施工，工期短。 （2）如果每一个施工对象均按专业成立工作队，劳动力及施工机具等资源无法均衡使用。 （3）如果由一个工作队完成一个施工对象的全部施工任务，则不能实现专业化施工，不利于提高劳动生产率。 （4）单位时间内投入的劳动力、施工机具、材料等资源量成倍地增加，不利于资源供应的组织。 （5）施工现场的组织管理比较复杂	（1）尽可能地利用工作面进行施工，工期比较短。 （2）各工作队实现了专业化施工，有利于提高技术水平和劳动生产率。 （3）专业工作队能够连续施工，同时能使相邻专业队的开工时间最大限度地搭接。 （4）单位时间内投入的劳动力、施工机具、材料等资源量较为均衡，有利于资源供应的组织。 （5）为施工现场的文明施工和科学管理创造了有利条件

总结：组织施工方式及特点比较

施工方式	工作面利用	工期长短	能否连续施工	能否实现专业化	单位时间投入的资源量	现场组织管理
依次	没有充分	长	否	否	较少	比较简单
平行	充分	短	各个施工段同时施工，而非由专业队在各施工段间连续施工	否	成倍增加	比较复杂
流水	尽可能	较短	能	能	较均衡	有利于科学管理、文明施工

核心考点 2　流水施工参数（必考指数★★★）

流水施工参数			内容
工艺参数	施工过程	概念	根据施工组织及计划安排需要而将计划任务划分成的子项称为施工过程
		分类	施工过程一般分为建造类施工过程、运输类施工过程和制备类施工过程。建造类施工过程必须列入施工进度计划，并且大多作为主导的施工过程或关键工作。运输类与制备类施工过程一般不列入流水施工进度计划之中，只有当其占有施工对象的工作面，影响工期时，才列入施工进度计划之中
	流水强度	概念	流水强度是指流水施工的某施工过程（专业工作队）在单位时间内所完成的工程量，也称为流水能力或生产能力
		影响因素	(1)投入该施工过程中的资源量（施工机械台数或工人数）。 (2)投入该施工过程中资源的产量定额。 (3)投入该施工过程中的资源种类数
空间参数	工作面		工作面是指供某专业工种的工人或某种施工机械进行施工的活动空间
	施工段	概念	将施工对象在平面或空间上划分成若干个劳动量大致相等的施工段落，称为施工段或流水段
		划分目的	为了组织流水施工
时间参数	流水节拍	概念	流水节拍指在组织流水施工时，某个专业工作队在一个施工段上的施工时间
		确定因素	(1)采用的施工方法、施工机械。 (2)在工作面允许的前提下投入施工的工人数、机械台数。 (3)采用的工作班次
	流水步距	概念	流水步距是指组织流水施工时，相邻两个施工过程（或专业工作队）继续开始施工的最小间隔时间
		数目	取决于参加流水的施工过程数
		大小	取决于相邻两个施工过程（或专业工作队）在各个施工段上的流水节拍及流水施工的组织方式
	流水施工工期		流水施工工期是指从第一个专业工作队投入流水施工开始，到最后一个专业工作队完成流水施工为止的整个持续时间

228

总结:

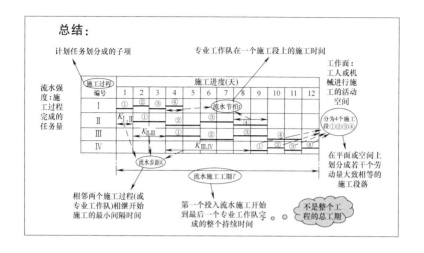

第二节　有节奏流水施工

核心考点1　固定节拍、加快的成倍节拍与非节奏流水施工的特点（必考指数★★★）

	固定节拍	异节奏		非节奏
		加快的成倍节拍	一般的成倍节拍	
流水节拍	所有的均相等	同一施工过程:相等 不同施工过程:不尽相等,倍数关系	同一施工过程:相等 不同施工过程:不尽相等	不全相等
流水步距	相等,且等于流水节拍	相等,且等于流水节拍的最大公约数	不尽相等	不尽相等
施工过程数与专业工作队数	相等	专业工作队数＞施工过程数	相等	相等
能否连续作业	能			
施工段之间是否有空闲	没有	没有	可能有	可能有

229

核心考点 2　固定节拍流水施工工期的确定（必考指数★★）

类型	有间歇时间的	有提前插入时间的
计算公式	$T=(n-1)t+\Sigma G+\Sigma Z+mt$ $=(m+n-1)t+\Sigma G+\Sigma Z$ 式中　n——施工过程数目； 　　　m——施工段数目； 　　　t——流水节拍； 　　　K——流水步距； 　　　ΣG——工艺间歇时间； 　　　ΣZ——组织间歇时间	$T=(n-1)t+\Sigma G+\Sigma Z-\Sigma C+mt$ $=(m+n-1)t+\Sigma G+\Sigma Z-$ ΣC 式中　ΣC——提前插入时间； 其余符号同前

核心考点 3　加快的成倍节拍流水施工流水步距、专业工作队数目、工期的确定（必考指数★★）

项目	计算方法
流水步距	流水步距等于流水节拍的最大公约数
专业工作队数目	$b_j=t_j/K$ 式中　b_j——第 j 个施工过程的专业工作队数目； 　　　t_j——第 j 个施工过程的流水节拍； 　　　K——流水步距
流水施工工期	$T=(m+n'-1)K+\Sigma G+\Sigma Z-\Sigma C$ 式中　n'——专业工作队数目，其余符号同前

第三节　非节奏流水施工

核心考点　非节奏流水施工中流水步距与流水施工工期的确定（必考指数★★）

项目	计算
流水步距的确定	采用累加数列错位相减取大差法计算
流水施工工期的确定	$T=\Sigma K+\Sigma t_n+\Sigma Z+\Sigma G-\Sigma C$ 式中　T——流水施工工期； 　　　ΣK——各施工过程（或专业工作队）之间流水步距之和； 　　　Σt_n——最后一个施工过程（或专业工作队）在各施工段流水节拍之和；

项目	计算
流水施工工期 的确定	ΣZ——组织间歇时间之和； ΣG——工艺间歇时间之和； ΣC——提前插入时间之和

总结：

1 个公式＋1 个方法计算各类流水施工的流水步距与施工工期

【1 个公式】流水施工工期＝Σ流水步距＋Σ最后一个施工过程的流水节拍＋Σ间歇时间－Σ插入时间

——主要在于计算流水步距，在"加快的成倍节拍流水施工"中，流水步距＝min［所有施工过程的流水节拍］，工作队数＝Σ（所有施工过程的流水节拍的比例）。

其他类型的流水施工的流水步距，采用"累加数列错位相减取大差法"计算。

【1 个方法】累加数列错位相减取大差法（分 3 步）：第 1 步：累加数列；第 2 步：错位相减；第 3 步：取大差。

第三章　网络计划技术

第一节 基本概念

核心考点 网络计划的基本概念（必考指数★★）

项目	内容
网络图的组成	双代号网络图又称箭线式网络图，它是以箭线及其两端节点的编号表示工作。 网络图中的节点都必须有编号，其编号严禁重复，并应使每一条箭线上箭尾节点编号小于箭头节点编号。 在双代号网络图中，有时存在虚箭线，虚箭线不代表实际工作，称为虚工作。虚工作既不消耗时间，也不消耗资源
工艺关系和组织关系	生产性工作之间由工艺过程决定的、非生产性工作之间由工作程序决定的先后顺序关系称为工艺关系。 工作之间由于组织安排需要或资源（劳动力、原材料、施工机具等）调配需要而规定的先后顺序关系称为组织关系
紧前工作、紧后工作和平行工作	在网络图中，相对于某工作而言，紧排在该工作之前的工作称为该工作的紧前工作。 在网络图中，相对于某工作而言，紧排在该工作之后的工作称为该工作的紧后工作。 在网络图中，相对于某工作而言，可以与该工作同时进行的工作即为该工作的平行工作
先行工作和后续工作	相对于某工作而言，从网络图的第一个节点（起点节点）开始，顺箭头方向经过一系列箭线与节点到达该工作为止的各条通路上的所有工作，都称为该工作的先行工作。 相对于某工作而言，从该工作之后开始，顺箭头方向经过一系列箭线与节点到网络图最后一个节点（终点节点）的各条通路上的所有工作，都称为该工作的后续工作

第二节 网络图的绘制

核心考点 快速正确判断双代号网络图中的错误画法（必考指数★★★）

类型	错误画法	图例
是否存在多个起点节点	如果存在两个或两个以上的节点<u>只有外向箭线、而无内向箭线</u>，就说明存在多个起点节点。图中<u>节点①和②就是两个起点节点</u>	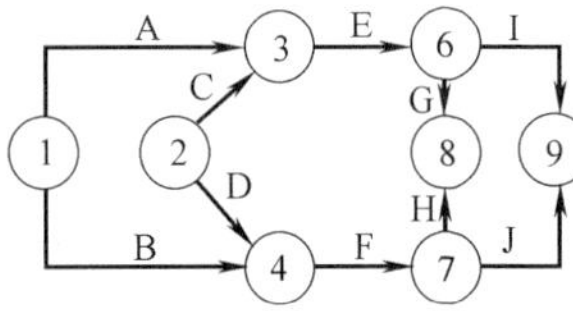
是否存在多个终点节点	如果存在两个或两个以上的节点<u>只有内向箭线</u>，而无外向箭线，就说明存在多个终点节点。图中<u>节点⑧、⑨就是两个终点节点</u>	
是否存在节点编号错误	(1)如果<u>箭尾节点的编号大于箭头节点的编号</u>，就说明存在节点编号错误	
	(2)如果节点的编号出现<u>重复</u>，就说明存在节点编号错误	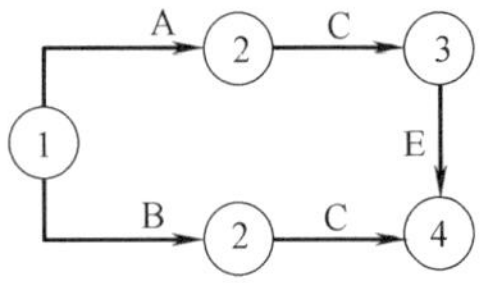
是否存在工作代号重复	如果某一工作代号出现<u>两次或两次以上</u>，就说明工作代号重复。图中的<u>工作C出现了两次</u>	

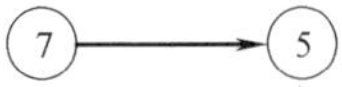

类型	错误画法	图例
是否存在多余虚工作	(1)如果某一虚工作的紧前工作<u>只有虚工作</u>,那么该虚工作是多余的;图中<u>虚工作⑤→⑥是多余的</u>	
	(2)如果某两个节点之间<u>既有虚工作,又有实工作</u>,那么该虚工作也是多余的。图中<u>虚工作②→④是多余的</u>	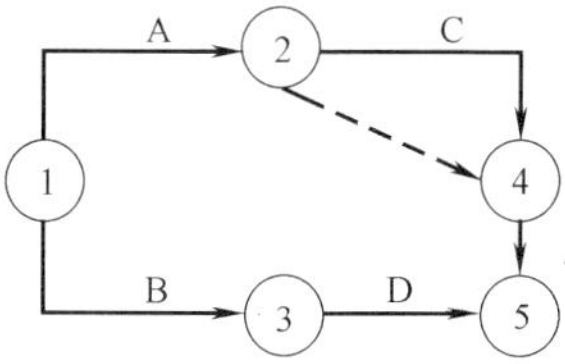
是否存在循环回路	如果从某一节点出发沿着箭线的方向又回到了该节点,这就说明存在循环回路	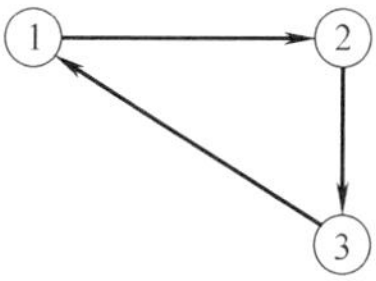
是否存在逻辑关系错误	根据题中所给定的逻辑关系逐一在网络图中核对,只要有一处与给定的条件不相符,就说明逻辑关系错误。图中,<u>工作H的紧前工作是C、D和E,可以确定逻辑关系错误</u>	

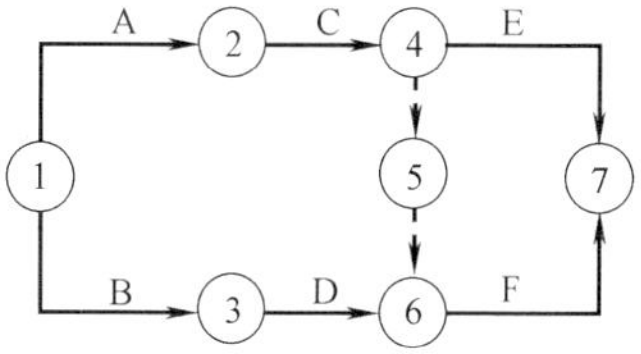

下表（逻辑关系错误图例中的表格）:

工作名称	A	B	C	D	E	G	H	I
紧前工作	—	—	A	A	A,B	C	D	E

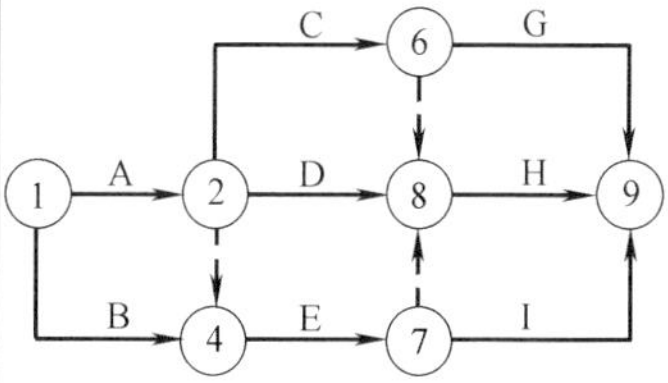

235

第三节　网络计划时间参数的计算

核心考点 1　网络计划时间参数的概念（必考指数★★）

时间参数	概念	符号表示	
		双代号	单代号
计算工期	根据网络计划时间参数计算出来的工期	用 T_c 表示	
要求工期	任务委托人所要求的工期	用 T_r 表示	
计划工期	根据要求工期和计算工期所确定的作为实施目标的工期	用 T_p 表示	
最早开始时间	在其所有紧前工作全部完成后，本工作有可能开始的最早时刻	用 ES_{i-j} 表示	用 ES_i 表示
最早完成时间	在其所有紧前工作全部完成后，本工作有可能完成的最早时刻	用 EF_{i-j} 表示	用 EF_i 表示
最迟完成时间	在不影响整个任务按期完成的前提下，本工作必须完成的最迟时刻	用 LF_{i-j} 表示	用 LF_i 表示
最迟开始时间	在不影响整个任务按期完成的前提下，本工作必须开始的最迟时刻	用 LS_{i-j} 表示	用 LS_i 表示
总时差	在不影响总工期的前提下，本工作可以利用的机动时间	用 TF_{i-j} 表示	用 TF_i 表示
自由时差	在不影响其紧后工作最早开始时间的前提下，本工作可以利用的机动时间	用 FF_{i-j} 表示	用 FF_i 表示

核心考点 2　工作计算法计算双代号网络计划时间参数（必考指数★★★）

1. 工作的最早开始时间和最早完成时间

时间参数	计算
最早开始时间	（1）以网络计划起点节点为开始节点的工作，当未规定其最早开始时间时，其最早开始时间为零。 （2）其他工作的最早开始时间应等于其紧前工作最早完成时间的最大值，即： $$ES_{i-j}=\max\{EF_{h-i}\}=\max\{ES_{h-i}+D_{h-i}\}$$ 式中　ES_{i-j}——工作 $i-j$ 的最早开始时间； 　　　EF_{h-i}——工作 $i-j$ 的紧前工作 $h-i$（非虚工作）的最早完成时间；

时间参数	计算
最早开始时间	ES_{h-i}——工作 $i-j$ 的紧前工作 $h-i$（非虚工作）的最早开始时间； D_{h-i}——工作 $i-j$ 的紧前工作 $h-i$（非虚工作）的持续时间
最早完成时间	$$EF_{i-j}=ES_{i-j}+D_{i-j}$$ 式中　EF_{i-j}——工作 $i-j$ 的最早完成时间； 　　　ES_{i-j}——工作 $i-j$ 的最早开始时间； 　　　D_{i-j}——工作 $i-j$ 的持续时间

总结：
最早看紧前，多个取最大，紧前未知可顺推。

2. 计算工期

网络计划的计算工期应等于以网络计划终点节点为完成节点的工作的最早完成时间的最大值，即：

$$T_c=\max\{EF_{i-n}\}=\max\{ES_{i-n}+D_{i-n}\}$$

式中　T_c——网络计划的计算工期；

EF_{i-n}——以网络计划终点节点 n 为完成节点的工作的最早完成时间；

ES_{i-n}——以网络计划终点节点 n 为完成节点的工作的最早开始时间；

D_{i-n}——以网络计划终点节点 n 为完成节点的工作的持续时间。

3. 工作的最迟完成时间和最迟开始时间

时间参数	计算
最迟开始时间	$$LS_{i-j}=LF_{i-j}-D_{i-j}$$ 式中　LS_{i-j}——工作 $i-j$ 的最迟开始时间； 　　　LF_{i-j}——工作 $i-j$ 的最迟完成时间； 　　　D_{i-j}——工作 $i-j$ 的持续时间

时间参数	计算

最迟完成时间	(1)以网络计划终点节点为完成节点的工作,其最迟完成时间等于网络计划的计划工期,即:
	
	$$LF_{i-n} = T_{\mathrm{p}}$$
	
	式中 LF_{i-n}——以网络计划终点节点 n 为完成节点的工作的最迟完成时间;
	        T_{p}——网络计划的计划工期。
	(2)其他工作的最迟完成时间应等于其紧后工作最迟开始时间的最小值,即:
	
	$$LF_{i-j} = \min\{LS_{j-k}\} = \min\{LF_{j-k} - D_{j-k}\}$$
	
	式中 LF_{i-j}——工作 $i-j$ 的最迟完成时间;
	        LS_{j-k}——工作 $i-j$ 的紧后工作 $j-k$(非虚工作)的最迟开始时间;
	        LF_{j-k}——工作 $i-j$ 的紧后工作 $j-k$(非虚工作)的最迟完成时间;
	        D_{j-k}——工作 $i-j$ 的紧后工作 $j-k$(非虚工作)的持续时间

总结：最迟看紧后，多个取最小，紧后未知可顺推

4. 工作的总时差和自由时差

时间参数	计算
总时差	工作的总时差等于该工作最迟完成时间与最早完成时间之差,或该工作最迟开始时间与最早开始时间之差,即: $$TF_{i-j} = LF_{i-j} - EF_{i-j} = LS_{i-j} - ES_{i-j}$$ 式中 TF_{i-j}——工作 $i-j$ 的总时差;其余符号同前。 对于同一项工作而言,自由时差不会超过总时差。当工作的总时差为零时,其自由时差必然为零

时间参数	计算
自由时差	(1)对于有紧后工作的工作,其自由时差等于本工作之紧后工作最早开始时间减本工作最早完成时间所得之差的最小值,即: $$FF_{i-j} = \min\{ES_{j-k} - EF_{i-j}\}$$ $$= \min\{ES_{j-k} - ES_{i-j} - D_{i-j}\}$$ 式中　FF_{i-j}——工作 $i-j$ 的自由时差; 　　　ES_{j-k}——工作 $i-j$ 的紧后工作 $j-k$(非虚工作)的最早开始时间; 　　　EF_{i-j}——工作 $i-j$ 的最早完成时间; 　　　ES_{i-j}——工作 $i-j$ 的最早开始时间; 　　　D_{i-j}——工作 $i-j$ 的持续时间。 (2)对于无紧后工作的工作,也就是以网络计划终点节点为完成节点的工作,其自由时差等于计划工期与本工作最早完成时间之差,即: $$FF_{i-n} = T_p - EF_{i-n} = T_p - ES_{i-n} - D_{i-n}$$ 式中　FF_{i-n}——以网络计划终点节点 n 为完成节点的工作 $i-n$ 的自由时差; 　　　T_p——网络计划的计划工期; 　　　EF_{i-n}——以网络计划终点节点 n 为完成节点的工作 $i-n$ 的最早完成时间; 　　　ES_{i-n}——以网络计划终点节点 n 为完成节点的工作 $i-n$ 的最早开始时间; 　　　D_{i-n}——以网络计划终点节点 n 为完成节点的工作 $i-n$ 的持续时间

方法:

总时差的计算方法——取最小值法

一找——找出经过该工作的所有线路。注意一定要找全,如果找不全,可能会出现错误。

一加——计算各条线路中所有工作的持续时间之和。

一减——分别用计算工期减去各条线路的持续时间之和。

取小——取相减后的最小值就是该工作的总时差。

核心考点 3　节点计算法计算双代号网络计划时间参数（必考指数 ★★）

时间参数	计算
节点的最早时间和最迟时间	(1)网络计划起点节点,如未规定最早时间时,其值等于零。 (2)其他节点的最早时间: $$ET_j = \max\{ET_i + D_{i-j}\}$$ 式中　ET_j——工作 $i-j$ 的完成节点 j 的最早时间; 　　　ET_i——工作 $i-j$ 的开始节点 i 的最早时间; 　　　D_{i-j}——工作 $i-j$ 的持续时间
计算工期	网络计划的计算工期等于网络计划终点节点的最早时间,即: $$T_c = ET_n$$ 式中　T_c——网络计划的计算工期; 　　　ET_n——网络计划终点节点 n 的最早时间
节点的最迟时间	(1)网络计划终点节点的最迟时间等于网络计划的计划工期,即: $$LT_n = T_p$$ 式中　LT_n——网络计划终点节点 n 的最迟时间; 　　　T_p——网络计划的计划工期。 (2)其他节点的最迟时间: $$LT_i = \min\{LT_j - D_{i-j}\}$$ 式中　LT_i——工作 $i-j$ 的开始节点 i 的最迟时间; 　　　LT_j——工作 $i-j$ 的完成节点 j 的最迟时间; 　　　D_{i-j}——工作 $i-j$ 的持续时间
工作的最早开始时间和最早完成时间	工作的最早开始时间等于该工作开始节点的最早时间,即: $$ES_{i-j} = ET_i$$ 工作的最早完成时间等于该工作开始节点的最早时间与其持续时间之和,即: $$\underline{EF_{i-j} = ET_i + D_{i-j}}$$
工作的最迟完成时间和最迟开始时间	工作的最迟完成时间等于该工作完成节点的最迟时间,即: $$LF_{i-j} = LT_j$$ 工作的最迟开始时间等于该工作完成节点的最迟时间与其持续时间之差,即: $$\underline{LS_{i-j} = LT_j - D_{i-j}}$$

时间参数	计算
工作的总时差	工作的总时差等于该工作完成节点的最迟时间减去该工作开始节点的最早时间所得差值再减其持续时间,即:$$TF_{i-j} = LF_{i-j} - EF_{i-j}$$ $$= LT_j - (ET_i + D_{i-j})$$ $$= \underline{\underline{LT_j - ET_i - D_{i-j}}}$$
工作的自由时差	工作的自由时差等于该工作完成节点的最早时间减去该工作开始节点的最早时间所得差值再减其持续时间,即:$$FF_{i-j} = \min\{ES_{j-k} - ES_{i-j} - D_{i-j}\}$$ $$= \min\{ES_{j-k}\} - ES_{i-j} - D_{i-j}$$ $$= \underline{\underline{\min\{ET_j\} - ET_i - D_{i-j}}}$$

总结:

双代号网络计划按工作计算法和按节点计算法计算的公式比较表

计算方法	最早时间的计算	最迟时间的计算
计算方法	计算口诀: 最早看紧前,多个取最大,紧前未知可顺推	计算口诀: 最迟看紧后,多个取最小,紧后未知可逆推
按工作计算法	求工作最早开始时间的公式: (1)起始工作:$ES_{i-j} = 0$ 或规定的开始时间; (2)非起始工作:$$ES_{i-j} = \max\{EF_{h-i}\}$$ 或 $ES_{i-j} = \max\{EF_{h-i} + D_{h-i}\}$ 求工作最早完成时间的公式:$$EF_{i-j} = ES_{i-j} + D_{i-j}$$	求工作最迟完成时间的公式: (1)以终点节点为完成节点的工作:$$LF_{i-n} = T_p$$ (2)其他工作:$$LF_{i-j} = \min\{LS_{j-k}\}$$ 或 $LF_{i-j} = \min\{LS_{j-k} - D_{j-k}\}$ 求工作最迟开始时间的公式:$$LS_{i-j} = LF_{i-j} - D_{i-j}$$
按节点计算法	求节点最早时间的公式: (1)起始节点:$ET_1 = 0$ 或规定的开始时间; (2)非起始节点:$$ET_j = \max\{ET_i + D_{i-j}\}$$	求节点最迟时间的公式: (1)终点节点:$$LT_n = T_p$$ (2)非终点节点:$$LT_i = \min\{LT_j - D_{i-j}\}$$

核心考点 4　关键节点的特性（必考指数★）

（1）开始节点和完成节点均为关键节点的工作，不一定是关键工作。

（2）以关键节点为完成节点的工作，其总时差和自由时差必然相等。

（3）当两个关键节点间有多项工作，且工作间的非关键节点无其他内向箭线和外向箭线时，则两个关键节点间各项工作的总时差均相等。在这些工作中，除以关键节点为完成节点的工作自由时差等于总时差外，其余工作的自由时差均为零。

（4）当两个关键节点间有多项工作，且工作间的非关键节点有外向箭线而无其他内向箭线时，则两个关键节点间各项工作的总时差不一定相等。在这些工作中，除以关键节点为完成节点的工作自由时差等于总时差外，其余工作的自由时差均为零

核心考点 5　单代号网络计划时间参数的计算（必考指数★）

时间参数	计算
工作的最早开始时间和最早完成时间	（1）网络计划起点节点所代表的工作，其最早开始时间未规定时取值为零。 （2）工作的最早完成时间应等于本工作的最早开始时间与其持续时间之和，即： $$EF_i = ES_i + D_i$$ 式中　EF_i——工作 i 的最早完成时间； 　　　ES_i——工作 i 的最早开始时间； 　　　D_i——工作 i 的持续时间。 （3）其他工作的最早开始时间应等于其紧前工作最早完成时间的最大值，即： $$ES_j = \max\{EF_i\}$$ 式中　ES_j——工作 j 的最早开始时间； 　　　EF_i——工作 j 的紧前工作 i 的最早完成时间
计算工期	网络计划的计算工期等于其终点节点所代表的工作的最早完成时间
相邻两项工作之间的时间间隔	相邻两项工作之间的时间间隔是指其紧后工作的最早开始时间与本工作最早完成时间的差值，即： $$LAG_{i,j} = ES_j - EF_i$$ 式中　$LAG_{i,j}$——工作 i 与其紧后工作 j 之间的时间间隔； 　　　ES_j——工作 i 的紧后工作 j 的最早开始时间； 　　　EF_i——工作 i 的最早完成时间

时间参数		计算
工作的总时差		(1)网络计划终点节点 n 所代表的工作的总时差应等于计划工期与计算工期之差,即: $$TF_n = T_p - T_c$$ 当计划工期等于计算工期时,该工作的总时差为零。 (2)其他工作的总时差应等于本工作与其各紧后工作之间的时间间隔加该紧后工作的总时差所得之和的最小值,即: $$\underline{TF_i = \min\{LAG_{i,j} + TF_j\}}$$ 式中 TF_i——工作 i 的总时差; $LAG_{i,j}$——工作 i 与其紧后工作 j 之间的时间间隔; TF_j——工作 i 的紧后工作 j 的总时差
工作的自由时差		(1)网络计划终点节点 n 所代表的工作的自由时差等于计划工期与本工作的最早完成时间之差,即: $$FF_n = T_p - EF_n$$ 式中 FF_n——终点节点 n 所代表的工作的自由时差; T_p——网络计划的计划工期; EF_n——终点节点 n 所代表的工作的最早完成时间(即计算工期)。 (2)其他工作的自由时差等于本工作与其紧后工作之间时间间隔的最小值,即: $$\underline{FF_i = \min\{LAG_{i,j}\}}$$
工作的最迟完成时间和最迟开始时间	根据总时差计算	(1)工作的最迟完成时间等于本工作的最早完成时间与其总时差之和,即: $$\underline{LF_i = EF_i + TF_i}$$ (2)工作的最迟开始时间等于本工作的最早开始时间与其总时差之和,即: $$\underline{LS_i = ES_i + TF_i}$$

时间参数		计算
工作的最迟完成时间和最迟开始时间	根据计划工期计算	(1)网络计划终点节点 n 所代表的工作的最迟完成时间等于该网络计划的计划工期,即: $$LF_n = T_p$$ (2)工作的最迟开始时间等于本工作的最迟完成时间与其持续时间之差,即: $$LS_i = LF_i - D_i$$ (3)其他工作的最迟完成时间等于该工作各紧后工作最迟开始时间的最小值,即: $$LF_i = \min\{LS_j\}$$ 式中　LF_i——工作 i 的最迟完成时间; 　　　LS_j——工作 i 的紧后工作 j 的最迟开始时间

总结:

自由时差与时间间隔的原理与计算

1. 自由时差与时间间隔的概念

自由时差——在不影响紧后工作最早开始时间的前提下,本工作可以利用的机动时间。

时间间隔——本工作的最早完成时间与其紧后工作最早开始间之间可能存在的差值。

2. 自由时差的计算公式

(1) 各紧后工作的最早开始时间与本工作最早完成时间的差值的最小值,即:

$$FF_i = \min\{ES_j - EF_i\}$$

本工作的最早完成时间 EF_i 是唯一的值,$FF_i = \min\{ES_j\} - EF_i$

助记: 自由时差等于"后早始"的最小值减"本早完"。

(2) 本工作与各紧后工作之间时间间隔的最小值,即:

$$FF_i = \min\{LAG_{i-j}\}$$

(3) 在双代号网络计划中,对于无紧后工作的工作(即以终点节点为完成节点的工作),以计划工期 T_p 代替"后早始",计算式为:

$$FF_{i-n}=T_p-EF_{i-n}$$

3. 时间间隔的计算公式

$$LAG_{i-j}=ES_j-EF_i$$（"后早始"减"本早完"）

4. 时间间隔产生的原理

(1) 如果某工作只有唯一一项紧前工作，则该工作与其紧前工作之间的时间间隔必为零。

(2) 相邻两工作之间的时间间隔大于零的条件。

工作 A、C 为相邻两项工作，工作 C 为工作 A 的紧后工作，同时满足以下两个条件，工作 A、C 之间的时间间隔大于零：

① 工作 C 的紧前工作必须多于 1 项。

② 若工作 C 的各紧前工作的最早完成时间的最大值为 M，则工作 A 的最早完成时间应小于 M。

5. 自由时差产生的原理

工作的自由时差大于零的充分必要条件是：该工作与其所有紧后工作之间的时间间隔均大于零。

如果某工作只有唯一的紧前工作，则该紧前工作的自由时差必为零。

6. 自由时差与时间间隔的对比和联系

项目	自由时差(FF)	时间间隔(LAG)
定义	不影响紧后工作最早开始时间的前提下，本工作可以利用的机动时间	本工作的最早完成时间与其紧后工作最早开始间之间可能存在的差值
口诀	"后早始"的最小值减"本早完"	"后早始"减"本早完"
不同点	(1)自由时差是针对某项工作而言，是某项工作的自由时差。 (2)不论有几项紧后工作，一项工作只可能有一个自由时差的值。 (3)某工作自由时差的计算与其各紧后工作都有关，比较后取最小值	(1)时间间隔是针对某相邻两项工作而言，不能说是某项工作的时间间隔。 (2)若某项工作有多项紧后工作，分别与每一项紧后工作之间都有一个时间间隔值。 (3)某工作与其某项紧后工作之间的时间间隔计算与该工作的其他紧后工作无关，不存在取最小值的问题

项目	自由时差(FF)	时间间隔(LAG)
相似点	(1)二者计算式中都有 ES_j-EF_i,都与紧后工作的最早开始时间和本工作的最早完成时间有关。 (2)二者产生的原理相似(与紧后工作之间有时间间隔,本工作才可能有自由时差)	
两者之间的联系	某项工作的自由时差 $FF_i=\min\{LAG_{i-j}\}$ (1)当该工作只有一项紧后工作时,其自由时差等于其与紧后工作之间的时间间隔。 (2)当该工作的紧后工作多于一项时,其自由时差等于本工作与各紧后工作之间时间间隔的最小值	

第四节 双代号时标网络计划

核心考点1 双代号时标网络计划中时间参数的判定（必考指数★★★）

1. 工作最早开始时间和最早完成时间

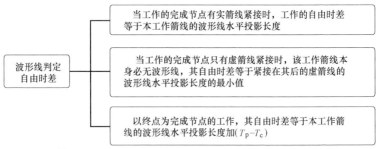

最早开始时间 —— 等于工作箭线左端节点中心所对应的时标值

最早完成时间 —— 工作箭线中不存在波形线 —— 等于工作箭线右端节点中心所对应的时标值

工作箭线中存在波形线 —— 等于工作箭线实线部分右端点所对应的时标值

2. 工作自由时差

波形线判定自由时差 —— 当工作的完成节点有实箭线紧接时,工作的自由时差等于本工作箭线的波形线水平投影长度

当工作的完成节点只有虚箭线紧接时,该工作箭线本身必无波形线,其自由时差等于紧接在其后的虚箭线的波形线水平投影长度的最小值

以终点为完成节点的工作,其自由时差等于本工作箭线的波形线水平投影长度加(T_p-T_c)

3. 工作总时差

波形线累加法——工作的总时差等于本工作的各条计算线路上各箭线的波形线水平投影长度按线路分别累加，取结果的最小值加

$(T_p - T_c)$。

计算某项工作总时差的线路，即通过本工作（以本工作作为第一项工作）的各条线路，每条线路均可只取到本线路与关键线路的交点为止。

对于以关键节点为完成节点的工作，其计算线路只有本工作的一根箭线，波形线累加法同样适用，其总时差等于本工作箭线的波形线水平投影长度加（$T_p - T_c$）。

> **重点提示：**
>
> 某项工作的计算线路为多条时，每条计算线路均以该工作的开始节点为起点，以本条线路与关键线路的第一个交点为终点。
>
> 本工作的计算线路＝本工作＋本工作的各条后续线路（均至关键节点为止）
>
> 网络图以计算工期 T_c 作为终点节点的时标值，当 $T_p > T_c$ 时，（$T_p - T_c$）的值也可为各项工作总时差的组成部分，但此部分不能反映为波形线，所以应加（$T_p - T_c$），当 $T_p = T_c$ 时，不需要加（$T_p - T_c$）。
>
> 每一条后续线路均只取到本线路与关键线路的第一个交点为止，因为关键节点之后必有一条线路属于关键线路，这部分无波形线，所以关键节点之后的线路均可省略。

方法：快速看出双代号时标网络图中各工作总时差的方法——取最小法

（1）找到经过该工作的所有线路。

（2）看各条线路中所含的波形线长度。

（3）取最小的数值就是该工作的总时差。

4. 工作最迟开始时间和最迟完成时间

时间参数	计算
最迟开始时间	工作的最迟开始时间等于本工作的最早开始时间与其总时差之和，即： $$LS_{i-j} = ES_{i-j} + TF_{i-j}$$ 式中　LS_{i-j}——工作 $i-j$ 的最迟开始时间；　　　ES_{i-j}——工作 $i-j$ 的最早开始时间；　　　TF_{i-j}——工作 $i-j$ 的总时差

时间参数	计算
最迟完成时间	工作的最迟完成时间等于本工作的最早完成时间与其总时差之和,即: $$LF_{i-j} = EF_{i-j} + TF_{i-j}$$ 式中 LF_{i-j} ——工作 $i-j$ 的最迟完成时间; EF_{i-j} ——工作 $i-j$ 的最早完成时间; TF_{i-j} ——工作 $i-j$ 的总时差

核心考点 2 确定关键线路和关键工作(必考指数★★★)

	正确说法	错误说法
关键线路	(1)线路上所有工作持续时间之和最长的线路是关键线路。 (2)双代号网络计划中,当 $T_p = T_c$ 时,自始至终由总时差为 0 的工作组成的线路是关键线路。 (3)双代号网络计划中,自始至终由关键工作组成的线路是关键线路。 (4)在时标网络计划中,相邻两项工作之间的时间间隔全部为零的线路就是关键线路。 (5)关键线路上可能有虚工作存在。 (6)在单代号网络计划中,从起点节点到终点节点均为关键工作,且所有工作的时间间隔为零的线路为关键线路。 (7)在搭接网络计划中,从终点节点开始逆着箭线方向依次找出相邻两项工作之间时间间隔为零的线路为关键线路	(1)由总时差为零的工作组成的线路是关键线路。 (2)关键线路只有一条。 (3)关键线路一经确定不可转移。 (4)时标网络计划中,自始至终不出现虚线的线路是关键线路

	正确说法	错误说法
关键工作	(1)总时差<u>最小</u>的工作是关键工作。 (2)<u>最迟开始时间与最早开始时间相差最小</u>的工作是关键工作。 (3)<u>最迟完成时间与最早完成时间相差最小</u>的工作是关键工作。 (4)关键线路上的工作均为关键工作	(1)双代号时标网络计划中工作箭线上无波形线的工作是关键工作。 (2)双代号网络计划中两端节点均为关键节点的工作的关键工作。 (3)双代号网络计划中持续时间最长的工作是关键工作。 (4)单代号网络计划中与紧后工作之间时间为零的工作是关键工作。 (5)单代号搭接网络计划中时间间隔为零的关键工作是关键工作。 (6)单代号搭接网络计划中与紧后工作之间时距最小的工作是关键工作

第五节 网络计划的优化

核心考点 网络计划的优化（必考指数★★★）

1个图：

① 对质量和安全影响不大。
② 有充足的备用资源。
③ 增加的费用最少。

工期优化

压缩关键工作的持续时间，使计算工期满足工期要求

费用目标 主

次

费用优化

① 寻求工程总成本最低时的工期安排。
② 按要求工期寻求最低成本的计划安排。

次 **工期目标**

资源优化 主

① 资源有限，工期最短。
② 工期固定，资源均衡。

资源目标

① 直接费用率或组合直接费用率最小的关键工作。
② 考虑间接费随工期缩短而减少的数值。

4个关键词：

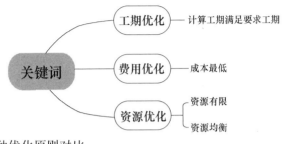

三种优化原则对比：

① **不能**将关键工作压缩成非关键工作。

② **不能**改变工作的逻辑关系。

③ 缩短后工作的持续时间**不能**小于其最短持续时间。

工期优化、费用优化

三不变：

①不改变工作间的逻辑关系。

②不改变工作的持续时间（这是与工期、费用优化的一个明显的区别）。

③不改变各项工作的资源强度（单位时间所需资源数量，这是一个常数，而且是合理的）

只改变：工作的开始和结束时间。

资源优化

第六节　单代号搭接网络计划和多级网络计划系统

核心考点1　单代号搭接网络计划（必考指数★★）

相邻两项工作之间的时距		公式	万能公式	LAG 的计算
代号	含义			
STS	开始到开始	$ES_i + STS_{i,j} = ES_j$	时距首字母代表的参数＋时距＝时距尾字母所代表的参数	$LAG =$ 时距尾字母所代表的参数－时距值－首字母所代表的参数
STF	开始到结束	$ES_i + STF_{i,j} = EF_j$		

相邻两项工作之间的时距		公式	万能公式	LAG 的计算
代号	含义			
FTS	结束到开始	$EF_i+FTS_{i,j}=ES_j$	时距首字母代表的参数＋时距＝时距尾字母所代表的参数	$LAG=$时距尾字母所代表的参数－时距值－首字母所代表的参数
FTF	结束到结束	$EF_i+FTF_{i,j}=EF_j$		

助记：

（1）时距为 STS、STF：前者开始加时距，如遇完成减持续。

（2）时距为 FTS、FTF：前者完成加时距，如遇完成减持续。

（3）FTS、STS 时的时间间隔：开始减时距，遇开减开，遇完减完。

（4）FTF、STF 时的时间间隔：完成减时距，遇开减开，遇完减完。

（5）混合搭接关系时的时间间隔。当相邻两项工作之间存在两种时距及以上的搭接关系时，应分别计算出时间间隔，然后取其中的最小值。

核心考点 2　多级网络计划系统（必考指数★）

项目	内容
概念	多级网络计划系统是指由处于不同层级且相互有关联的若干网络计划所组成的系统。在该系统中,处于不同层级的网络计划既可以进行分解,成为若干独立的网络计划;也可以进行综合,形成一个多级网络计划系统

项目	内容
特点	(1)多级网络计划系统应分阶段<u>逐步深化</u>,其编制过程是一个<u>由浅入深、从顶层到底层、由粗到细</u>的过程,并且贯穿在该实施计划系统的始终。 (2)多级网络计划系统中的层级与建设工程规模、复杂程度及进度控制的需要有关。 (3)在多级网络计划系统中,不同层级的网络计划,应该由不同层级的进度控制人员编制。 (4)多级网络计划系统可以随时进行分解和综合
编制原则	(1)<u>整体优化</u>原则。 (2)<u>连续均衡</u>原则。 (3)简明适用原则
编制方法	必须采用<u>自顶向下、分级编制</u>的方法

第四章　建设工程进度计划实施中的监测与调整

第一节　实际进度监测与调整的系统过程

核心考点　实际进度监测与调整的系统过程（必考指数★★）

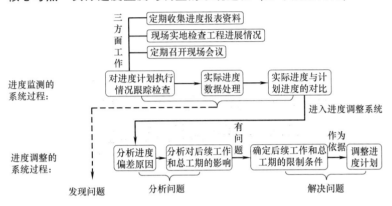

第二节　实际进度与计划进度的比较方法

核心考点1　横道图比较法（必考指数★★★）

项目	比较分析	图例
匀速进展横道图比较法	(1)粗线右端落在左侧,表明实际进度拖后。 (2)粗线右端落在右侧,表明实际进度超前。 (3)粗线右端与检查日期重合,表明实际进度与计划进度一致	1　2　3　4　5　6　(周) ▲ 检查日期
非匀速进展横道图比较法	(1)上方累计百分比≥下方累计百分比:<u>拖欠任务量为二者差</u>。 (2)上方累计百分比≤下方累计百分比:<u>超前任务量为二者差</u>。 (3)上方累计百分比＝下方累计百分比:表明实际进度与计划进度一致	1　2　3　4　5　6　7　(周)　计划累计 0　10　25　45　65　80　90 100(%)　完成百分比 0　8　22　42　60　　(%) 实际累计 　　　　　　　　　　　完成百分比 ▲ 检查日期

核心考点2　S 曲线比较法（必考指数★★）

分析	图例	图上直接看	表明	获得信息 通过计算得到数值
实际进度（横向比较）	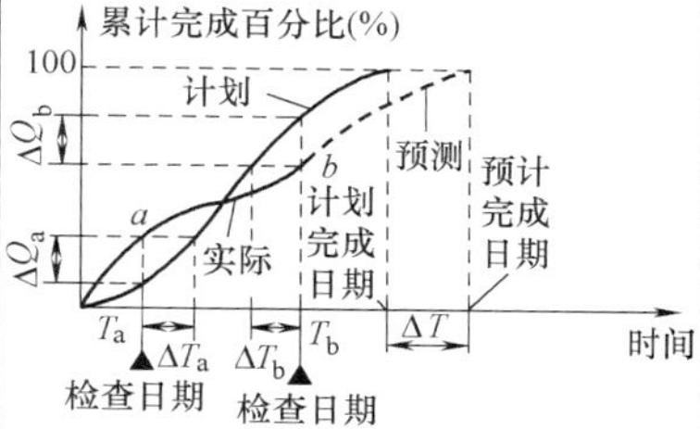	如果实际进展点落在计划 S 曲线左侧，如图中的 a 点	实际进度比计划进度超前	ΔT_a 表示 T_a 时刻实际进度超前的时间
		如果实际进展点落在 S 计划右侧，如图中的 b 点	实际比计划进度拖后	ΔT_b 表示 T_b 时刻实际进度拖后的时间
		如果实际进展点正好落在计划 S 曲线上	实际进度与计划进度一致	0
实际任务量（纵向比较）		如果实际进展点落在计划 S 曲线上方，如图中的 a 点	实际任务量超额	ΔQ_a 表示 T_a 时刻超额完成的任务量
		如果实际进展点落在计划 S 曲线下方，如图中的 b 点	实际任务量拖欠	ΔQ_b 表示 T_b 时刻拖欠的任务量
		如果实际进展点正好落在计划 S 曲线上	实际任务量与计划一致	0
总结	左侧及上方，超前与超额；右侧及下方，拖后与拖欠			

核心考点3 香蕉曲线比较法（必考指数★）

项目	内容
含义	香蕉曲线是由两条 S 曲线组合而成的闭合曲线。由 S 曲线比较法可知,工程项目累计完成的任务量与计划时间的关系,可以用一条 S 曲线表示。对于一个工程项目的网络计划来说,如果以其中各项工作的最早开始时间安排进度而绘制 S 曲线,称为 ES 曲线;如果以其中各项工作的最迟开始时间安排进度而绘制 S 曲线,称为 LS 曲线。两条 S 曲线具有相同的起点和终点,因此,两条曲线是闭合的。在一般情况下,ES 曲线上的其余各点均落在 LS 曲线的相应点的左侧。由于该闭合曲线形似"香蕉",故称为香蕉曲线。 　　香蕉曲线的绘制方法与 S 曲线的绘制方法基本相同,所不同之处在于香蕉曲线是以工作按<u>最早开始时间</u>安排进度和按<u>最迟开始时间</u>安排进度分别绘制的两条 S 曲线组合而成
图例	

核心考点4 前峰线比较法（必考指数★★★）

直观反映	表明关系		预测影响	
实际进展位置点	实际进度	拖后或超前时间	对后续工作影响	对总工期影响
落在检查日左侧	拖后	检查时刻一位置点时刻	<u>超过自由时差就影响,超几天就影响几天</u>	<u>超过总时差就影响,超几天就影响几天</u>
与检查日重合	一致	0	<u>不影响</u>	<u>不影响</u>
落在检查日右侧	超前	位置点时刻一检查时刻	<u>需结合其他工作分析</u>	<u>需结合其他工作分析</u>

256

第三节　进度计划实施中的调整方法

核心考点 1　分析进度偏差对后续工作及总工期的影响（必考指数★）

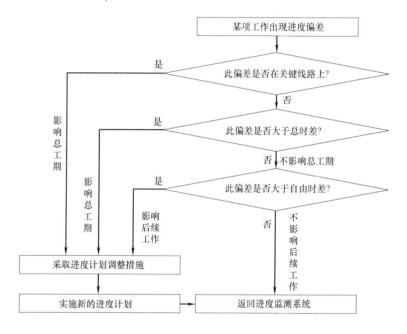

总结:

偏差	是否影响后续工作	是否影响总工期
＞总时差	是	是
＜总时差	—	否
＞自由时差	是	—
＜自由时差	否	否

　　对于同一项工作而言，自由时差不会超过总时差。而且总时差与自由时差总是大于 0 的；当工作的总时差为零时，其自由时差必然为零。

当偏差小于总时差时，不能判断是否影响后续工作，需要通过与自由时差比较后，才能确定是否影响。

当偏差大于自由时差时，不能判断是否影响总工期，需要通过与总时差比较后，才能确定是否影响。

核心考点2　进度计划的调整方法（必考指数★★）

项目	内容
改变某些工作间的逻辑关系	当工程项目实施中产生的进度偏差影响到总工期，且有关工作的逻辑关系允许改变时，<u>可以改变关键线路和超过计划工期的非关键线路上的有关工作之间的逻辑关系</u>，达到缩短工期的目的。<u>如将顺序进行的工作改为平行作业、搭接作业以及分段组织流水作业等</u>，都可以有效地缩短工期
缩短某些工作的持续时间	这种方法是<u>不改变工程项目中各项工作之间的逻辑关系，而通过采取增加资源投入、提高劳动效率等措施来缩短某些工作的持续时间</u>，使工程进度加快，以保证按计划工期完成该工程项目。这些被压缩持续时间的工作是位于关键线路和超过计划工期的非关键线路上的工作。同时，这些工作又是其持续时间可被压缩的工作。其调整方法视限制条件及对其后续工作的影响程度的不同而有所区别，一般可分为以下三种情况： （1）网络计划中某项工作进度拖延的时间已超过其自由时差但未超过其总时差。此时该工作的实际进度不会影响总工期，而只对其后续工作产生影响。 （2）网络计划中某项工作进度拖延的时间超过其总时差： ①如果项目总工期不允许拖延，工程项目必须按照原计划工期完成，则只能采取缩短关键线路上后续工作持续时间的方法来达到调整计划的目的（工期优化）。 ②项目总工期允许拖延。此时只需以实际数据取代原计划数据，并重新绘制实际进度检查日期之后的简化网络计划即可。 ③项目总工期允许拖延的时间有限。当实际进度拖延的时间超过此限制时，也需要对网络计划进行调整，以便满足要求

项目	内容
缩短某些工作的持续时间	当某项工作实际进度拖延的时间超过其总时差而需要对进度计划进行调整时,应考虑总工期的限制条件和网络计划中后续工作的限制条件。 (3)网络计划中某项工作进度超前。进度控制人员必须综合分析进度超前对后续工作产生的影响,并同承包单位协商,提出合理的进度调整方案,以确保工期总目标的顺利实现

第五章　建设工程设计阶段进度控制

第一节 设计阶段进度控制的意义和工作程序

核心考点 设计阶段进度控制的意义（必考指数★）

意义

(1)设计进度控制是建设工程进度控制的重要内容。

(2)设计进度控制是施工进度控制的前提。

(3)设计进度控制是设备和材料供应进度控制的前提

第二节 设计阶段进度控制目标体系

核心考点 设计阶段进度控制目标体系（必考指数★）

项目	内容
分阶段目标	(1)设计准备工作时间目标。 (2)初步设计、技术设计工作时间目标。 (3)施工图设计工作时间目标
分专业目标	(1)初步设计工作时间目标分解为方案设计时间目标和初步设计时间目标。 (2)施工图设计时间目标分解为基础设计时间目标、结构设计时间目标、装饰设计时间目标及安装图设计时间目标等

第三节 设计进度控制措施

核心考点1 影响设计进度的因素（必考指数★）

影响设计进度的因素

- 建设意图及要求改变的影响
- 设计审批时间的影响
- 设计各专业之间协调配合的影响
- 工程变更的影响
- 材料代用、设备选用失误的影响

核心考点2　监理单位的进度监控（必考指数★★）

在设计工作开始之前，首先应由监理工程师审查设计单位所编制的进度计划的合理性和可行性。在进度计划实施过程中，监理工程师应定期检查设计工作的实际完成情况，并与计划进度进行比较分析。一旦发现偏差，就应在分析原因的基础上提出纠偏措施，以加快设计工作进度。必要时，应对原进度计划进行调整或修订。

在设计进度控制中，监理工程师要对设计单位填写的设计图纸进度表进行核查分析，并提出自己的见解。

核心考点3　建筑工程管理方法（必考指数★）

项目	内容
基本指导思想	建筑工程管理(CM)方法的基本指导思想是缩短工程项目的建设周期,它采用快速路径的生产组织方式,特别适用于那些实施周期长、工期要求紧迫的大型复杂建设工程
在进度控制方面的优势	(1)有利于缩短建设工期。 (2)可以减少施工阶段因修改设计而造成的实际进度拖后。 (3)可以避免因设备供应工作的组织和管理不当而造成的工程延期

第六章　建设工程施工阶段进度控制

第一节　施工阶段进度控制目标的确定

核心考点 1　施工进度控制目标体系（必考指数★）

施工进度控制
目标体系
$$\begin{cases} 按项目组成分解，确定各单位工程开工及动用日期 \\ 按承包单位分解，明确分工条件和承包责任 \\ 按施工阶段分解，划定进度控制分界点 \\ 按计划期分解，组织综合施工 \end{cases}$$

核心考点 2　施工进度控制目标的确定（必考指数★）

项目	内容
确定施工进度控制目标的主要依据	建设工程总进度目标对施工工期的要求；工期定额、类似工程项目的实际进度；工程难易程度和工程条件的落实情况等
确定施工进度分解目标考虑的因素	(1)对于大型建设工程项目,应根据尽早提供可动用单元的原则,集中力量分期分批建设,以便尽早投入使用,尽快发挥投资效益。 (2)合理安排土建与设备的综合施工。 (3)结合本工程的特点,参考同类建设工程的经验来确定施工进度目标。 (4)做好资金供应能力、施工力量配备、物资(材料、构配件、设备)供应能力与施工进度的平衡工作,确保工程进度目标的要求而不使其落空。 (5)考虑外部协作条件的配合情况。包括施工过程中及项目竣工动用所需的水、电、气、通信、道路及其他社会服务项目的满足程序和满足时间。 (6)考虑工程项目所在地区地形、地质、水文、气象等方面的限制条件

第二节 施工阶段进度控制的内容

控制工作	内容
编制施工进度控制工作细则	施工进度控制工作细则是在建设工程监理规划的指导下，由项目监理机构进度控制部门的监理工程师负责编制的更具有实施性和操作性的监理业务文件。其主要内容包括： (1)施工进度控制目标分解图； (2)施工进度控制的主要工作内容和深度； (3)进度控制人员的职责分工； (4)与进度控制有关各项工作的时间安排及工作流程； (5)进度控制的方法(包括进度检查周期、数据采集方式、进度报表格式、统计分析方法等)； (6)进度控制的具体措施(包括组织措施、技术措施、经济措施及合同措施等)； (7)施工进度控制目标实现的风险分析； (8)尚待解决的有关问题
编制或审核施工进度计划	施工进度计划审核的内容主要有： (1)进度安排是否符合工程项目建设总进度计划中总目标和分目标的要求，是否符合施工合同中开工、竣工日期的规定。 (2)施工总进度计划中的项目是否有遗漏，分期施工是否满足分批动用的需要和配套动用的要求。 (3)施工顺序的安排是否符合施工工艺的要求。 (4)劳动力、材料、构配件、设备及施工机具、水、电等生产要素的供应计划是否能保证施工进度计划的实现，供应是否均衡，需求高峰期是否有足够能力实现计划供应。 (5)总包、分包单位分别编制的各项单位工程施工进度计划之间是否相协调，专业分工与计划衔接是否明确合理。 (6)对于业主负责提供的施工条件(包括资金、施工图纸、施工场地、采供的物资等)，在施工进度计划中安排得是否明确、合理，是否有造成因业主违约而导致工程延期和费用索赔的可能存在。 如果监理工程师在审查施工进度计划的过程中发现问题，应及时向承包单位提出书面修改意见(也称整改通知书)，并协助承包单位修改。其中重大问题应及时向业主汇报。 承包单位之所以将施工进度计划提交给监理工程师审查，是为了听取监理工程师的建设性意见

265

控制工作	内容
按年、季、月编制工程综合计划	在按计划期编制的进度计划中,监理工程师应着重解决各承包单位施工进度计划之间、施工进度计划与资源(包括资金、设备、机具、材料及劳动力)保障计划之间及外部协作条件的延伸性计划之间的综合平衡与相互衔接问题,并根据上期计划的完成情况对本期计划作必要的调整,从而作为承包单位近期执行的指令性计划
下达工程开工令	监理工程师应根据承包单位和业主双方关于工程开工的准备情况,选择合适的时机发布工程开工令
协助承包单位实施进度计划	监理工程师要随时了解施工进度计划执行过程中所存在的问题,并帮助承包单位予以解决,特别是承包单位无力解决的内外关系协调问题
监督施工进度计划的实施	监理工程师不仅要及时检查承包单位报送的施工进度报表和分析资料,同时还要进行必要的现场实地检查,核实所报送的已完项目的时间及工程量,杜绝虚报现象
组织现场协调会	监理工程师应每月、每周定期组织召开不同层级的现场协调会议,以解决工程施工过程中的相互协调配合问题
签发工程进度款支付凭证	监理工程师应对承包单位申报的已完分项工程量进行核实,在质量监理人员检查验收后,签发工程进度款支付凭证
审批工程延期	监理工程师应按照合同的有关规定,公正地区分工程延误和工程延期,并合理地批准工程延期时间
向业主提供进度报告	监理工程师应随时整理进度资料,并做好工程记录,定期向业主提交工程进度报告
督促承包单位整理技术资料	监理工程师要根据工程进展情况,督促承包单位及时整理有关技术资料
签署工程竣工报验单,提交质量评估报告	监理工程师在对竣工资料及工程实体进行全面检查、验收合格后,签署工程竣工报验单,并向业主提出质量评估报告

266

控制工作	内容
整理工程进度资料	在工程完工以后,监理工程师应将工程进度资料收集起来,进行归类、编目和建档,以便为今后其他类似工程项目的进度控制提供参考
工程移交	监理工程师应督促承包单位办理工程移交手续,颁发工程移交证书

总结:

(1) 编制施工进度控制工作细则共有 8 条细分内容,应熟练掌握。在这 8 条内容中,有 7 条是含有"进度控制"这个关键词。可以这样记:

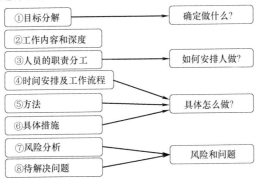

(2) 施工进度计划审核的内容有 6 条,应熟练掌握。

(3) 注意是签发工程进度款支付凭证,不是支付进度款。

(4) 注意是向业主提供进度报告,不是向承包方提供。

第三节 施工进度计划的编制与审查

核心考点 1 施工总进度计划的编制(必考指数★★)

步骤	方法
计算工程量	工程量只需粗略地计算即可
确定各单位工程的施工期限	各单位工程的施工期限应根据合同工期确定,同时还要考虑建筑类型、结构特征、施工方法、施工管理水平、施工机械化程度及施工现场条件等因素

步骤	方法
确定各单位工程的开竣工时间和相互搭接关系	(1)<u>同一时期施工的项目不宜过多</u>,以避免人力、物力过于分散。 (2)尽量做到<u>均衡施工</u>,以使劳动力、施工机械和主要材料的供应在整个工期范围内达到均衡。 (3)尽量<u>提前建设可供工程施工使用的永久性工程</u>,以节省临时工程费用。 (4)<u>急需和关键的工程先施工</u>,以保证工程项目如期交工。 (5)<u>施工顺序必须与主要生产系统投入生产的先后次序相吻合</u>。同时还要安排好配套工程的施工时间,以保证建成的工程能迅速投入生产或交付使用。 (6)应<u>注意季节对施工顺序的影响</u>,使施工季节不导致工期拖延,不影响工程质量。 (7)安排一部分附属工程或零星项目作为后备项目,用以调整主要项目的施工进度。 (8)注意主要工种和主要施工机械能连续施工
编制初步施工总进度计划	施工总进度计划应安排全工地性的流水作业。全工地性的流水作业安排应以<u>工程量大、工期长</u>的单位工程为主导,组织若干条流水线,并以此带动其他工程
编制正式施工总进度计划	初步施工总进度计划编制完成后,要对其进行检查。主要是检查总工期是否符合要求,资源使用是否均衡且其供应是否能得到保证

重点提示:

施工总进度计划的编制步骤应记住两个关键词:"各单位""总进度"。

核心考点 2　单位工程施工进度计划的编制（必考指数★★）

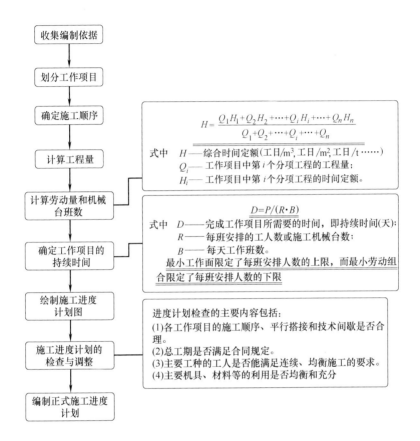

收集编制依据

划分工作项目

确定施工顺序

计算工程量

$$H = \frac{Q_1H_1 + Q_2H_2 + \cdots + Q_iH_i + \cdots + Q_nH_n}{Q_1 + Q_2 + \cdots + Q_i + \cdots + Q_n}$$

式中　H——综合时间定额（工日/m³、工日/m²、工日/t ……）；
Q_i——工作项目中第 i 个分项工程的工程量；
H_i——工作项目中第 i 个分项工程的时间定额。

计算劳动量和机械台班数

$$D = P/(R \cdot B)$$

式中　D——完成工作项目所需要的时间，即持续时间(天)；
R——每班安排的工人数或施工机械台数；
B——每天工作班数。
最小工作面限定了每班安排人数的上限，而最小劳动组合限定了每班安排人数的下限

确定工作项目的持续时间

绘制施工进度计划图

进度计划检查的主要内容包括：
(1)各工作项目的施工顺序、平行搭接和技术间歇是否合理。
(2)总工期是否满足合同规定。
(3)主要工种的工人是否能满足连续、均衡施工的要求。
(4)主要机具、材料等的利用是否均衡和充分

施工进度计划的检查与调整

编制正式施工进度计划

重点提示：

施工进度计划检查的主要内容中，首要的是前两方面的检查，如果不满足要求，必须进行调整。只有在前两方面均达到要求的前提下，才能进行后两个方面的检查与调整。前两个方面是解决可行与否的问题，后两个方面是优化的问题。

核心考点3 项目监理机构对施工进度计划的审查（必考指数★★）

施工进度计划审查应的基本内容

(1)施工进度计划应符合施工合同中工期的约定。施工单位编制的施工总进度计划必须符合施工合同约定的工期要求，满足施工总工期的目标要求，阶段性进度计划必须与总进度计划目标相一致。

(2)施工进度计划中主要工程项目无遗漏，应满足分批投入试运、分批动用的需要，阶段性施工进度计划应满足总进度控制目标的要求。

(3)施工顺序的安排应符合施工工艺要求。

(4)施工人员、工程材料、施工机械等资源供应计划应满足施工进度计划的需要。

(5)施工进度计划应符合建设单位提供的资金、施工图纸、施工场地、物资等施工条件

第四节 施工进度计划实施中的检查与调整

核心考点1 施工进度的动态检查（必考指数★）

项目	内容
施工进度的检查方式	(1)定期地、经常地收集由承包单位提交的有关进度报表资料。 (2)由驻地监理人员现场跟踪检查建设工程的实际进展情况。 (3)由监理工程师定期组织现场施工负责人召开现场会议
施工进度的检查方法	施工进度检查的主要方法是对比法。将经过整理的实际进度数据与计划进度偏差的大小数据进行比较，从中发现是否出现进度偏差以及进度偏差的大小

核心考点2 施工进度计划的调整（必考指数★★★）

施工进度计划的调整方法有两种：一是通过缩短某些工作的持续时间来缩短工期；二是通过改变某些工作间的逻辑关系来缩短工期，缩短某些工作持续时间的措施如下图所示。

270

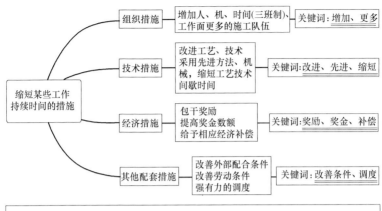

助记：
组织要增加、技术需改进、奖励属经济、改善归配套。

第五节　工　程　延　期

核心考点1　工程延期的申报与审批（必考指数★★）

项目	内容
申报工程延期的条件	由于以下原因导致工程拖期，承包单位有权提出延长工期的申请，监理工程师应按合同规定，批准工程延期时间。 　（1）监理工程师发出工程变更指令而导致工程量增加。 　（2）合同所涉及的任何可能造成工程延期的原因，如延期交图、工程暂停、对合格工程的剥离检查及不利的外界条件等。 　（3）异常恶劣的气候条件。 　（4）由业主造成的任何延误、干扰或障碍，如未及时提供施工场地、未及时付款等。 　（5）除承包单位自身以外的其他任何原因

项目	内容
工程延期的审批程序	（1）当工程延期事件发生后，承包单位应在合同规定的有效期内以书面形式通知监理工程师（即工程延期意向通知），以便于监理工程师尽早了解所发生的事件，及时作出一些减少延期损失的决定。 （2）承包单位应在合同规定的有效期内（或监理工程师可能同意的合理期限内）向监理工程师提交详细的申述报告（延期理由及依据）。 （3）监理工程师收到该报告后应及时进行调查核实，准确地确定出工程延期时间。当延期事件具有持续性，承包单位在合同规定的有效期内不能提交最终详细的申述报告时，应先向监理工程师提交阶段性的详情报告。监理工程师应在调查核实阶段性报告的基础上，尽快作出延长工期的临时决定。 （4）待延期事件结束后，承包单位应在合同规定的期限内向监理工程师提交最终的详情报告。监理工程师应复查详情报告的全部内容，然后确定该延期事件所需要的延期时间
工程延期的审批原则	（1）合同条件（根本原则）。 （2）影响工期。 （3）实际情况

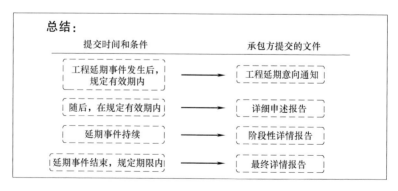

总结：

提交时间和条件		承包方提交的文件
工程延期事件发生后，规定有效期内	→	工程延期意向通知
随后，在规定有效期内	→	详细申述报告
延期事件持续	→	阶段性详情报告
延期事件结束，规定期限内	→	最终详情报告

核心考点 2 工程延期的控制与工程延误的处理（必考指数★★）

项目		内容
工程延期的控制		(1)选择合适的时机下达工程开工令。 (2)提醒业主履行施工承包合同中所规定的职责。 (3)妥善处理工程延期事件。 (4)业主在施工过程中应尽量减少干预、多协调
工程延误的处理	拒绝签署付款凭证	当承包单位的施工进度拖后且又不采取积极措施时,监理工程师可以采取拒绝签署付款凭证的手段制约承包单位
	误期损失赔偿	如果承包单位未能按合同规定的工期和条件完成整个工程,则应向业主支付投标书附件中规定的金额,作为该项违约的损失赔偿费
	取消承包资格	如果承包单位严重违反合同,又不采取补救措施,则业主为了保证合同工期有权取消其承包资格

第六节 物资供应进度控制

核心考点 1 物资供应计划的编制（必考指数★★）

项目	内容
物资需求计划的编制	物资需求计划一般包括一次性需求计划和各计划期需求计划。编制需求计划的关键是确定需求量。 (1)建设工程一次性需求量的确定。一次性需求计划,反映整个工程项目及各分部、分项工程材料的需用量,亦称工程项目材料分析。主要用于组织货源和专用特殊材料、制品的落实。 (2)建设工程各计划期需求量的确定。主要依据已分解的各年度施工进度计划,按季、月作业计划确定相应时段的需求量
物资储备计划的编制	编制依据是物资需求计划、储备定额、储备方式、供应方式和场地条件等

项目	内容
物资供应计划的编制	物资供应计划的编制,是在<u>确定计划需求量</u>的基础上,经过综合平衡后,提出申请量和采购量。供应计划的编制过程也是一个平衡过程,包括数量、时间的平衡。在实际工作中,首先考虑的是<u>数量</u>的平衡。 编制依据是需求计划、储备计划和货源资料等
申请、订货计划的编制	编制依据是有关材料供应政策法令、预测任务、概算定额、分配指标、材料规格比例和供应计划
采购、加工计划的编制	编制依据是需求计划、市场供应信息、加工能力及分布。它的作用是组织和指导采购与加工工作
国外进口物资计划的编制	编制依据是设计选用进口材料所依据的产品目录、样本。它的主要作用是组织进口材料和设备的供应工作

核心考点2　监理工程师控制物资供应进度的工作内容（必考指数★★）

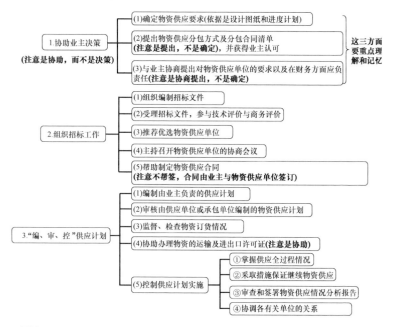

274

全国监理工程师职业资格考试辅导

- ◆ 建设工程监理基本理论和相关法规复习题集
- ◆ 建设工程合同管理复习题集
- ◆ 建设工程目标控制（土木建筑工程）复习题集
- ◆ 建设工程监理案例分析（土木建筑工程）复习题集

全国监理工程师职业资格考试核心考点掌中宝

- ◆ 建设工程监理基本理论和相关法规核心考点掌中宝
- ◆ 建设工程合同管理核心考点掌中宝
- ◆ 建设工程目标控制（土木建筑工程）核心考点掌中宝
- ◆ 建设工程监理案例分析（土木建筑工程）核心考点掌中宝

全国监理工程师职业资格考试辅导用书

- ◆ 建设工程监理基本理论和相关法规历年真题+考点解读+专家指导
- ◆ 建设工程合同管理历年真题+考点解读+专家指导
- ◆ 建设工程目标控制（土木建筑工程）历年真题+考点解读+专家指导
- ◆ 建设工程目标控制（水利工程）历年真题+考点解读+专家指导
- ◆ 建设工程监理案例分析（土木建筑工程）历年真题+考点解读+专家指导
- ◆ 建设工程监理案例分析（水利工程）历年真题+考点解读+专家指导

建工出版社微信　　各地建筑书店

责任编辑：张　磊　王砾瑶　范业
封面设计：七星博纳

ISBN 978-7-112-27627-1

9 787112 276271 >

经销单位：各地新华书店／建筑书店（扫描上方二维码）
网络销售：中国建筑工业出版社官网 http://www.cabp.com.cn
　　　　　中国建筑出版在线 http://www.cabplink.com
　　　　　中国建筑工业出版社旗舰店（天猫）
　　　　　中国建筑工业出版社官方旗舰店（京东）
　　　　　中国建筑书店有限责任公司图书专营店（京东）
　　　　　新华文轩旗舰店（天猫）　凤凰新华书店旗舰店（天猫）
　　　　　博库图书专营店（天猫）　浙江新华书店图书专营店（天猫）
　　　　　当当网　京东商城
图书销售分类：执业资格考试用书（R）

(39837) 定价：38.00 元
（含增值服务）